青少年心理自助文库
气质丛书

低 调

韬光养晦藏锋芒

方 圆/著

> 低调做人，高调做事。
> 一个人如果做到这两点，
> 就能够不断地发展与成就自己。

中国出版集团　　现代出版社

图书在版编目（CIP）数据

低调：韬光养晦藏锋芒／方圆著. —北京：现代出版社，2013.12
（青少年心理自助文库）
ISBN 978-7-5143-1959-0

Ⅰ. ①低…　Ⅱ. ①方…　Ⅲ. ①散文集 – 中国 – 当代
Ⅳ. ①I267

中国版本图书馆 CIP 数据核字（2013）第 313627 号

作　　者	方　圆
责任编辑	李　鹏
出版发行	现代出版社
通讯地址	北京市安定门外安华里 504 号
邮政编码	100011
电　　话	010 – 64267325 64245264（传真）
网　　址	www.1980xd.com
电子邮箱	xiandai@ cnpitc. com. cn
印　　刷	北京中振源印务有限公司
开　　本	710mm×1000mm　1/16
印　　张	14
版　　次	2019 年 4 月第 2 版　2019 年 4 月第 1 次印刷
书　　号	ISBN 978-7-5143-1959-0
定　　价	39.80 元

P 前言
REFACE

为什么当今一部分青少年拥有丰富的物质生活却依然不感到幸福、不感到快乐？怎样才能彻底走出日复一日的身心疲惫？怎样才能活得更真实、更快乐？我们越是在喧嚣和困惑的环境中无所适从，越觉得快乐和宁静是何等的难能可贵。其实"心安处即自由乡"，善于调节内心是一种拯救自我的能力。当我们能够对自我有清醒的认识，对他人能宽容友善，对生活无限热爱的时候，一个拥有强大的心灵力量的你将会更加自信而乐观地面对一切。

青少年是国家的未来和希望。对于青少年的心理健康教育，直接关系到其未来能否健康成长，承担建设和谐社会的重任。作为学校、社会、家庭，不仅要重视文化专业知识的教育，还要注重培养青少年健康的心态和良好的心理素质，从改进教育方法上来真正关心、爱护和尊重青少年。如何正确引导青少年走向健康的心理状态，是家庭、学校和社会的共同责任。心理自助能够帮助青少年改善心理问题，获得自我成长，最重要之处在于它能够激发青少年自觉进行自我探索的精神取向。自我探索是对自身的心理状态、思维方式、情绪反应和性格能力等方面的深入觉察。很多科学研究发现，这种觉察和了解本身对于心理问题就具有治疗的作用。此外，通过自我探索，青少年能够看到自己的问题所在，明确在哪些方面需要改善，从而"对症下药"。

我们常听到"思路决定出路，性格决定命运"的名言，"思路"是指一个人做事的思维和发展的眼光，它决定了个人成就的大小；"性格"是指一个人的

品格和心胸,做事要成功,做人必先成功。一个做人成功的人,事业才可能有长足的发展。

记得有位哲人曾说:"我们的痛苦不是问题本身带来的,而是我们对这些问题的看法产生的。"这句话正好体现了"思路"两字的含义。有时候我们由于视野的不开阔,看问题容易局限在某个小范围,而自己可能也就是在这个小范围内执意某些观点,因此导致自己无法找到出路而痛苦。如果我们能在面对问题时,让视野更开阔一些,看问题更加深入一些,或许我们会产生新的思路,进而能找到新的出路。

视野的开阔在一定程度上决定了思路的萌发。从某种程度上看,思路已是在你大脑中形成的对问题解决的模型,在思路实施前,自己已经通过自身的知识在大脑中做了模拟实施和预测判断。但无论是模型的形成,还是预测判断,都离不开自身的知识结构。知识结构越完善,自己的视觉就越开阔,就越能把握问题的本质,更加容易萌发新的思路。知识储备的广度在一定程度上决定了思路的高度。

本丛书从心理问题的普遍性着手,分别论述了性格、情绪、压力、意志、人际交往、异常行为等方面容易出现的一些心理问题,并提出了具体实用的应对策略,以帮助青少年读者驱散心灵的阴霾,科学调适身心,实现心理自助。

本丛书是你化解烦恼的心灵修养课,可以给你增加快乐的心理自助术;本丛书会让你认识到:掌控心理,方能掌控世界;改变自己,才能改变一切;只有实现积极的心理自助,才能收获快乐的人生。

C目录
ONTENTS

第五篇　低调说话的学问

第一篇

低调进退的学问

低调是一种智慧。拥有这种智慧的人，在处世过程中，不与人争，不与人抢；甘愿示弱，勇于自嘲；有理谦让。不要以为他们懦弱、颓废、不求上进，这恰恰是他们拥有智慧的一种表现。他们深谙以退为进、以柔克刚的妙处。而这些表面现象正是他们迂回前进、积极进取所采用的高招。低调做人，是政治家免受攻击，化被动为主动的高明策略。它不仅扫除了政治家竞选之路上的障碍，而且还为他当选助了一臂之力。可见，杰出人物要想不被人嫉妒，就要注意在平日的生活当中始终把"低调做人"这四个字谨记心间，贯穿到自己的行动中去。

得饶人处且饶人

在面对理亏的人时,低调的人不会将其劣行公之于众,使其颜面尽失,而是会顾及他的面子,让他们在自尊心不受伤害的前提下认识到自己的错误,并予以改正。

在美国经济大萧条时期,一位17岁的姑娘好不容易找到一份在高级珠宝店当售货员的工作。在圣诞节的前一天,店里来了一位30岁左右的男子。他衣衫褴褛,一脸的悲哀;他用一种不可企及的目光,盯着柜台里的那些高级首饰。

这时,珠宝店的电话响了,姑娘赶紧去接,一不小心把一个装着戒指的碟子碰翻,六枚精美的金戒指落到地上。姑娘慌忙去捡,不过只找到五枚,第六枚怎么也找不到了。无意中一抬头,姑娘看到刚才的那位男子正向门口走去,顿时明白了。当男子的手将要触及门把手时,姑娘柔声叫道:"对不起,先生!"

那男子转过身来,两人相视无言,足足有一分钟。"什么事?"他问,脸上的肌肉在抽搐。姑娘一时不知说些什么,该怎么说。

"什么事?"他再次问道。

姑娘神色黯然地说:"先生,这是我头回工作。现在找个事儿做很难,是不是?"

男子长久地审视着她,终于,一丝柔和的微笑浮现在他脸上。"是的,的确如此!"他回答,"但是我能肯定,你在这里会干得不错。"

停了一下,他向前一步,把手伸给她:"我可以为您祝福吗?"然后转过身,慢慢地走向门口。

姑娘目送着他的身影消失在门外,转身走向柜台,把手中握着的第六

枚金戒指放回了原处。

读到此处,读者不妨扪心自问,如果自己遇到这种情况,会怎么做?能像这位姑娘这样低调地去处理吗?也许大多数人的第一反应就是大吵大嚷或是报警,这样也可能找回戒指,但是总没有这位姑娘处理得巧妙。既达到了目的,也为对方保住了面子。

这位姑娘在尊重谅解对方的前提下,以"同是天涯沦落人"的凄苦言语博得了对方的真切同情。对方虽是流浪儿,但此时却捏有打破她的饭碗的金戒指,极有可能使她也沦为"流浪汉"。因此,"这是我头回工作。现在找个事儿做很难"这句真诚朴实的表白,饱含着惧怕失去工作的痛苦之情,也饱含着恳请对方怜悯的求助之意,终于感动了对方;对方也巧妙地交还了戒指。

对于理亏之人,不但不会步步紧逼,而且还稍做让步,让事情在一种和谐的氛围中解决。这种低调的处理问题的方式显然要比直接拆穿好得多。生活中类似的情况很多,低调的人往往能处理得当,不管是用上面姑娘示弱的方式,还是下面这位服务小姐礼貌的暗示或者其他方式。

在广州一家著名的大酒店里,一位外宾吃完最后一道茶点,顺手把精美的景泰蓝食筷悄悄"插入"自己的西装内衣口袋里。

他的这一"顺手牵羊"的小动作没有逃过一位服务小姐的眼睛。面对这种情况,声张是最不合适的,虽然很可能挽回酒店损失,但是客人却会下不来台,服务小姐明白,最好的解决办法就是低调处理。

她不露声色地迎上前去,双手擎着一只装有一双景泰蓝食筷的绸面小匣子说:"我发现先生在用餐时,对我国景泰蓝食筷颇有爱不释手之意。非常感谢您对这种精细工艺品的赏识。为了表达我们的感激之情,经餐厅主管批准,我代表本店,将这双图案最为精美并且经严格消毒处理的景泰蓝食筷送给您,并按照大酒家的'优惠价格'记在您的账簿上,您看好吗?"

那位外宾当然会明白这些话的弦外之音,在表示了谢意之后,说自己多喝了两杯"白兰地",头脑有点发晕,误将食筷插入内衣袋里。并且聪明地借此"台阶"说:"既然这种食筷不消毒就不好使用,我就以旧换新吧!哈哈哈。"

说着取出内衣里的食筷恭敬地放回餐桌上，接过服务小姐给他的小匣子，不失风度地向付账处走去。

不管是以示弱博取对方同情心，还是彬彬有礼地提醒，都是很稳妥的处理方式，这也是低调的人一贯采用的办法。在面对理亏的人时，他们知道，要想让其改正错误，不一定非要将其劣行公之于众，使其颜面尽失，而是要顾及他的面子，让他们在自尊心不受伤害的前提下认识到自己的错误，这更有利于他改正。

在现实生活中，一些人常为一些鸡毛蒜皮的小事争得面红耳赤，谁都不肯甘拜下风，以致大打出手，不好收拾。事后静下心来想想，当时若能忍让三分，自会然风平浪静，相安无事，小事化无。事实上，**有理的人越是表现得谦让，越能显示出他胸襟坦荡，富有修养，反而更能让他人钦佩。**

我国汉朝时有一位叫刘宽的人，为人宽厚仁慈。他在南阳当太守时，小吏、老百姓做错了事，他只是让差役用蒲鞭责打，表示羞辱。此举深得人心。

刘宽的夫人为了试探他是否像人们所说的那样仁厚，便让婢女在他和属下集体办公的时候捧出肉汤，装作不小心的样子把肉汤泼在他的官服上。

要是一般的人，必定会把婢女责打一顿，即使不如此，至少也要怒斥一番。而刘宽不仅没发脾气，反而问婢女："肉汤有没有烫着你的手？"由此足见刘宽为人宽容之度量确实超乎一般人。

还有一次，有人曾经错认了他驾车的牛，硬说为刘宽驾车的牛是他的。这事要是换了别人，就算不将那人拿到官府去治罪，也要狠揍他一顿不可，可刘宽什么也没说，叫车夫把牛解下给那人，自己步行回家。后来，那人找到自己的牛，便把那牛还给刘宽，并向他赔礼道歉，而刘宽非但没责备那人，反而好言安慰了他一番。

这就是有理让三分的做法。刘宽的度量可谓不小，他感化了人心，也

赢得了人心。

人人都有自尊心和好胜心。在生活中,对一些原则性的问题,我们为什么不显示出自己比他人有容人的雅量呢?

俗话说,金无足赤,人无完人。每个人都会偶有过失,因此每个人都有需要别人原谅的时候。但是,人们对待自己的过错往往不如看待他人的那样严重。这大概是因为我们对自己犯错的背景了解得很清楚,而对于他人的过错造成的原因却不甚知晓,因此对于自己的过错就比较容易原谅,而常把注意力集中在人家的过错上。即使有时不得不正视自己的错误,也总觉得是可以宽恕的。

可见,无论我们自己是好是坏,我们往往容忍自己。

然而,轮到我们评判他人的时候,情形就不一样了。我们用另外一种眼光百般挑剔地去发现他们的不对。例如:假使我们发现他人说谎,我们将会严厉地谴责对方的不诚实,可是谁又敢于保证自己从来都没说过一次谎?

有些人一旦陷入争斗的旋涡,便不由自主地焦躁起来,不仅是为了面子,有时也是为了利益,因此一旦自己得了"理",便不肯饶人,非逼得对方承认自己的错误不可。

然而"得理不饶人"虽让你吹着胜利的号角,但这也同时埋下了下次争斗的种子。因为这对"战败"的对方也是一种面子和利益之争,他当然要伺机"讨"还。

在这种时候,我们为什么就不能像刘宽那样,即使自己有理也让别人三分呢? 其实,**有些时候给他人留下台阶,也是为自己以后留下了一条后路。**

的确,在与他人相处的过程中,人们常常会因为对事物的理解不一,个性、爱好、脾气、要求不同,以及价值观念的差异而产生矛盾或冲突,此时我们应记住一位哲人的话:"航行中有一条规律可循,操纵灵敏的船应该给不太灵敏的船让道。"其实,在生活中也应遵循这条规律。

因此,做一个肯理解、容纳他人优点和缺点的人,才会受到他人的欢迎。相反,那些对人吹毛求疵,没完没了地又批评又说教的人,是不会拥有亲密的朋友的,也不会受到更多人的拥戴。

谦让宽容是一种修养，一种气度，一种德行，更是一种处世的学问。如果我们都具有了这种宽容忍让的心态，我们与他人之间的关系就会变得更加和谐和美好。

"得理不饶人"，这是现实生活中一部分人的真实写照。这些人认为自己占理，所以，对理亏的一方往往大加斥责，非要把对方指责得抬不起头来才罢休。虽然这样做自己很解气，但是若细想一下，这样做是否太过火了？难道非要让对方陷入难堪的境地不可吗？这样的情况如果发生在低调的人身上，他们绝不会步步紧逼，扯下对方面子，而是会不动声色地帮其改正。

让人非我弱

事业的成功者,生活中的幸运儿,被人嫉妒是难免的。在一时还无法消除这种社会心理之前,可以用适当的示弱方式将其消极作用降至最低。为了消除别人的敌意,甚至可以很巧妙地、不露痕迹地在他人面前暴露某些无关痛痒的缺点,表明自己并不是一个高高在上、十全十美的人物。

晚清红顶商人胡雪岩说过这样一句话:"**不遭人妒是庸才。**"言外之意就是,只要是人才,就不可避免地要遭人嫉妒。确实如此,才华横溢的人不可避免地会让别人的心理失衡,产生妒意,甚至是恨意,以至于挖空心思对其进行背后算计。

俗话说:"明枪易躲,暗箭难防。"所以,有才之人为了让自己免招麻烦,就要学会一些"防身术"。而最有效的防身办法就是做人低调,不要在人前卖弄自己的才华,为自己树敌。

在特定的情况下公开承认自己的短处,有意暴露自己某些方面的弱点,这是低调的人经常运用的交际策略。

曾有一位记者去拜访一位声名显赫的政治家。他此次的目的却并非出自善意,他要获得有关这位政治家的一些丑闻资料,然后将之公布于众,让这位政治家大丢面子,以至于在接下来的竞选中陷于被动。

见面之后,通过察言观色,政治家已经觉察到了记者眼睛中的敌意。他心里清楚,自己稍有不慎,很有可能就会落入对方的圈套。

该怎么应付这位难缠的记者呢?政治家没有以高高在上的身份接见他,而是以普通人接待客人的方式与记者见了面。想不到鼎鼎大名的政治家竟然如此低调,这位记者颇感意外。不过,让他感到意外的事情还在后面。

他们彼此还来不及寒暄，这位政治家就对想质问的记者说："时间还长得很，我们可以慢慢谈。"

不多时，仆人将咖啡端上桌来，这位政治家端起咖啡喝了一口，立即大嚷道："哦！好烫！"咖啡杯随之滚落在地。

等仆人收拾好后，政治家又把香烟倒着插入嘴中，从过滤嘴处点火。这时记者赶忙提醒："先生，你将香烟拿倒了。"

政治家听到这话之后，慌忙将香烟拿正，不料却将烟灰缸碰翻在地。

平时趾高气扬的政治家出了一连串洋相，使记者大感意外，不知不觉中，原来的那种挑战情绪消失了，甚至对他产生了一种亲近感。

其实，整个过程都是政治家一手安排的。当这位记者发现杰出的权威人物也有许多弱点时，过去对他抱有的敌意顿时消失，而且还产生了一种亲切感。想必大家也已经知道了，最后见诸报端的不是政治家的丑闻而是宣扬他平易近人的文章。

低调做人，是政治家免受攻击，化被动为主动的高明策略，它不仅扫除了政治家竞选之路上的障碍，而且还为他当选助了一臂之力。可见，**杰出人物要想不被人嫉妒，就要在平日的生活当中，始终把"低调做人"这四个字谨记心间，贯穿到自己的行动中去。**

比如，地位高的人在地位低的人的面前不妨展示自己不高的学历，表明自己实在是个平凡的人。成功者在别人面前述说自己失败的纪录、现实的烦恼，给人以"成功不易""成功者并非万事大吉"的感觉。对眼下经济状况不如自己的人，可以适当诉说自己的苦衷：诸如健康欠佳、子女学业不妙以及工作中诸多困难，让对方感到"他家也有一本难念的经"。某些专业上有一技之长的人，最好宣布自己对其他领域一窍不通，袒露自己日常生活中如何闹过笑话、有过窘境等。至于那些完全因客观条件或偶然机遇侥幸获得名利的人，更应该直言不讳地承认自己是"瞎猫碰上死耗子"。

在具有博弈性质的交往中最好不要在被逼无奈的时候才服输称臣，而应知道在即将遭遇恶战或需付出沉重代价前就主动退避三舍，尔后再另外寻找获胜机会，这才是最明智的选择。

示弱能使处境不如自己的人保持心理平衡，有利于与人交往时掌握

主动。

示弱可以是个别接触时推心置腹的交谈,幽默的自嘲,也可以是在大庭广众之下,有意以己之短比人之长。

示弱有时还要表现在行动上。自己在事业上已处于有利地位,获得了一定的成功,在小的方面,即使完全有条件和别人竞争,也要尽量回避退让。也就是说,平时对小名小利应淡泊些、疏远些,因为你的成功已经成了某些人嫉妒的目标,不可以再为一点微名小利惹火烧身,应当让出一部分名利给那些暂时处于弱势中的人。

示弱是收而不是放,是守而不是攻,因此它是一种无形的力量。可以说,为人处世中,懂得示弱是人际交往中掌握主动权的"灵丹妙药",也是谦逊为人、低调处世的制胜法宝。

心灵悄悄话

> 不要以为故意示弱、故意揭短是委屈自己,给人增加笑资的愚蠢行为。要知道,有时候,后退是为了更好、更快地进步。示弱也是一样,暴露一些无关痛痒的小缺点丝毫不会有损你的光辉形象,而且还会让大家乐意与你亲近,适时帮助你,不孤立你。

人在屋檐下，岂可不低头

有一句俗语叫作："人在屋檐下，不得不低头。"有的人认为，其中的"不得不"三个字道出了"屋檐"之下的人的无奈，流露出的是一强烈的悲观情绪。但是低调的人却不会这么认为，他们觉得，低头"屋檐下"，并不是表示臣服人前，屈居人下，而是一种韬光养晦的策略，是一种暂时的退让，是为了能够走出"屋檐"、挺立院中积蓄力量。

唐太宗李世民就是如此，在与太子李建成和齐王李元吉斗争的初期，他就曾经低头"屋檐"下。

唐高祖李渊建立唐王朝后，太子李建成和齐王李元吉勾结，多次迫害立有大功的秦王李世民，兄弟间一场生死拼杀在所难免。

李世民身边的文臣武将屡次进言，劝李世民早作打算，抢先动手。李世民每到这个时候，便会面带苦容，叹息不止，说："我们乃是一母同胞的兄弟。纵使是他们的不对，我又怎么忍心呢，还是委屈一下吧，时日一长，他们也许会知错而改，一切都会烟消云散的。"

别人都十分着急，深怪他心有仁念，坐失良机。

李世民对此如若未闻，暗中却把他的心腹将领尉迟敬德等人找来，对他们说："你们的好心，我岂能不知？不过现在我们安排未妥，事无头绪，又怎能草率行事呢？事若不密，为人察觉，只怕我们先得人头落地了。还望各位详作筹划，切勿泄露。"

李世民边忍边动，加紧布置。由于他表面上处处示弱，一再忍气吞声，李建成、李元吉果真被欺骗，暗中得意。他们以为只要假以时日，不愁大事不成。

不久，有报说突厥兵犯境，李建成便保举李元吉为帅，带兵迎敌。齐王

请求李渊把秦王李世民的兵马归他指挥，李渊答应了他的要求。李世民和他的文臣武将一眼便看穿了他们的阴谋，李世民见群情激愤，故作痛苦的模样安抚众人说："皇上既已同意，看来我只能束手待毙了。这是天意，我又能怎么样呢？"

众人见此，信以为真，不禁泣泪苦劝；有的还要告辞而去，以示抗议。只有几个知情者以目示意，不露声色。

这时又有人进来密告李世民，说太子与齐王早已定下计谋，只等李世民等人给齐王出征送行时，便要密伏勇士，趁机全部杀光，然后太子登位，封齐王为太弟。

众人听此，皆发怒大喝，情绪更为激动。李世民见时机已到，这才长叹一声，对众人说："我是被逼如此，各位都是明证。事已至此，只有先发制人，我们才能铲除强敌，保全性命。"

李世民分兵派将，伏兵于玄武门。第二天，李建成、李元吉上朝在此经过，伏兵齐出，他们二人猝不及防，李建成被李世民射死，李元吉被尉迟敬德砍杀。

没过多久，李渊便让位李世民。李世民登基为帝，终于实现了他的梦想。

李世民的这种表面受气、暗中动手的策略，可谓一箭双雕。一是麻痹了李建成和李元吉，二是激起了手下大臣武将的义愤情绪，待时机一到，自然一举成功。

倘若明着与之对抗，不但要大大损耗自己的力量，也会因此招来非议，于名声有害。

当时机未到，力量不足，屈居屋檐下，未尝不可。尽管在人"屋檐"下，势必要躬身屈腰，但是也会免受日晒雨淋。一旦时机成熟，便会有势不可当的气势，成功也就是顺理成章的事情。

即使是在今天，"人在屋檐下，不得不低头"仍不失为我们为人处世的训诲，只是我们认为这条训辞中的"不得不"充满了无奈、勉强、不情愿，这种"低头"太痛苦，因此，这句话应改为"人在屋檐下，一定要低头"！

把"不得不"改成"一定要"并不是在玩文字游戏，而是有很多考虑的。

所谓的"屋檐",说明白些,就是别人的势力范围。只要你在这势力范围之中,并且靠这势力生存,那么你就在别人的"屋檐"下了。

这"屋檐"有的很高,任何人都可抬头站着,但这种屋檐不多,以人类存在着的排斥"非我族群"的天性弱点来看,大部分的"屋檐"都是低的! 也就是说,进入别人的势力范围时,你会受到很多有意无意的排斥。

这种情形在所有人的一生当中几乎都出现过,除非你有自己的一片天空,是个强人,不用靠别人来过日子。可是你能保证一辈子都可以如此自由自在,不用在人"屋檐"下避避风雨吗? 所以,在人屋檐下的心态就有必要好好做些调整了。

只要是在别人的屋檐下,就"一定要"低头,不用别人来提醒,也不要等撞到屋檐了才低头。这是一种对客观环境的理性认知,是审时度势后一种明智的选择。

做这种选择起码有这样几种好处:

不会因为不情愿低头而碰破了头。

不致因为自尊自大而招嫉恨以致成为被打击的目标。

不会因为沉不住气而执意要把"屋檐"拆了。要知道,不管拆得掉拆不掉,你总是要付出代价的。

不会因为不忍屈就而离开"屋檐"下。离开不是不可以,但是要去哪里必须考虑好,而且离开后想再回来就不容易了。

在"屋檐"下待久了,甚至有可能成为屋内的人。

总而言之,"一定要低头"的目的是让自己与现实环境有一种和谐的关系,把二者的抵触和摩擦降至最低;是为了保存自己的能量,好走更长远的路;是为了把不利环境转化成有利环境。这是处世的一种怀柔、一种权变,更是行走社会的生存智慧。

"人在屋檐下"是人生必经的过程,它会以很多不同的方式出现。当你看到了"屋檐"时,请不要"不得不"而是要告诉自己"一定要"低头。

当然,一定要低头,脖子也会酸,但揉一揉也就过去了。

低下头来,上边的天空会更广阔,人生的道路会更宽畅。

顺风好行船,逆境难为生;位高好成事,位卑难做人。但历数古今中外得大成之人,无不是善处逆境和善待位卑的智者。他们能伸能屈、能俯能仰,从不把自己看得比别人更高贵、更显赫。特别是在屈尊和低就于别人的时候,更能显出低调做人的风范。

心灵悄悄话

低头并不代表屈服,退让也并不代表认输,只不过是一种迂回前进的方式。人在一生中总会有不同的际遇、不同的处境。

忍耐苦干，一飞冲天

人生的许多伟大业绩都是通过不断努力而取得的。任何人都不能指望不做任何努力就获得成功。所以，不要每天都停留在那里空做"白日梦"，幻想着某天可以一举成名、一举成功。要明白：**要想一飞冲天，就必须先埋头苦干。**

人们常说这样一句话："台上一分钟，台下十年功。"演员在台上精彩的表演并不是一朝一夕就可以练成的，无不经过长时间的艰苦磨炼、埋头苦干。

然而，很多人却忽略了这个道理，他们只想着能够早日戴上耀眼的光环，却不明白**没有长期量变的积累，就不会有质的飞跃。**有一飞冲天的理想无可厚非，而且是积极上进的体现，但是要想达到这个目标，就必须静下心来，踏踏实实做事。如果像下面的这位华仔那样，最终只能让自己的目标变成空想。

华仔学的是法律，但他热衷戏剧，而且在演技上也有相当的基础，所以他特别希望能在演艺界有所发展，成为大明星。不过，遗憾的是，他仅仅将这个梦想当成一个"梦想"，从来没有起身追求过。有人问他："为什么不去试试看呢？"

他说："我不愿去和那些初出茅庐的小孩子们竞争。我已经快三十岁了，即使考进去之后，也不过是做个小小的配角，有什么意思？从小配角慢慢地熬成主角，要等多少年啊？我可不愿意如此消磨时光。我要等什么时候有大公司找某一部影片的主角——和我的性格戏路合适的，我一去，就会录用，那才可以一鸣惊人。"

华仔的这一段话充分暴露了他的虚荣与不切实际。自认为很有才华的他，不甘心去跑龙套，觉得那样很跌份儿，是会遭到别人耻笑的。这就大错特错了。

现在很多大牌演员都是通过演绎一个个小角色、一个个小配角，最终为人们所熟知、所认可的。而且在他们成为举世瞩目的大明星之后，也还会饰演一些无足轻重的小人物。人们不会因为他们饰演配角，而降低对他们的崇拜，反而会因为他们的低调而更加喜爱他们。

越是空虚浅薄的人，越是要唱高调、端架子，这种行为无异于掩耳盗铃，更加会暴露自己的无知，反而是那些真正有实力、有涵养的人，却为人低调，甘愿埋头做事、踏实做人，也正是因为如此，成功才会频频光顾他们。

从他们身上，我们知道，仅仅对自己那些无法实现的愿望焦急慨叹是没有用的。要想达到目的，必须埋头苦干。正如爬山，你只能低着头，认真耐性地去攀登。

只有你付出相当的辛劳努力之后，才能到达山顶。登高下望，你才可以看见你已经克服了多少困难，走过了多少险路。这样一次次的小成功，慢慢才会累积成大的接近理想目标的成功。

卓越的成功与脱颖而出绝不是转眼之间就可以连接的，在没有付出基础工作的辛劳之前，徒然望着那遥远的目标着急是没有用的。而唯有从基本做起，脚踏实地朝着目标行进，才会慢慢地接近它、达到它。

世间万物，大多有个成长的过程，不论是巨大的星球，还是微不足道的一株小草，企图省略所有的成长过程，是万万不能办到的。因此，唯有埋头，才能出头。

种子如果不经过在泥土中挣扎奋斗的过程，它只能是一粒干瘪的种子，而永远不能发芽成长成一棵大树。而只有埋头苦干，发奋努力，才能获得成功。

如果你觉得自己是个天才，如果你觉得自己无须经过埋头努力，一切都会顺理成章地得到，那就大错特错了。

遭受了不公平待遇，受到了别人的诘难和嘲笑，怎么办？奋起反抗，找回自己的尊严，讨回公平，还是即使不能取胜，也要弄个鱼死网破？这都不妥。面对这种情况，低调的人会告诉你：别无他法，要忍耐。也许有人不解：为什么要表现得如此懦弱？

实质上，**忍耐屈辱，并不是软弱无能的表现，而是聪明持久的象征。** 因为只有忍耐才能保全自身，战胜对手，成就大事。

西汉时的韩信，是淮阴人，家里贫穷，没有事干，他便在城下钓鱼。肉铺里有个人欺侮韩信说："虽然你长得高高大大的，还老喜欢带着把剑游来荡去的，其实只是个胆小鬼罢了。"并且当众辱骂韩信说："你如果不怕死，就刺我一剑；如果怕死，就从我裤裆下钻过去。"韩信仔细看看，想了一下，俯身从那人裤裆下爬了出去，全街的人都笑韩信怯懦。

后来，腾公向汉高祖刘邦说起韩信，开始时刘邦对他并没有很好的印象，因而也就没有重用他，所以韩信感到无用武之地就偷偷地逃跑了。萧何亲自追他，并对汉高祖说："韩信是无双的国士，你要争得天下，非要用韩信不可。所有计事的人都要拜请他，选一个日子，要斋戒、设立坛位、完备礼教才行。"刘邦答应了他，拜韩信为大将军。等到刘邦取得天下之后，韩信被封为齐王，位为淮衡侯。

试想，假如当时韩信不能忍受胯下之辱，一剑刺向对手，哪还有日后那位常胜将军呢？正是韩信的巨大忍耐力，使其功成名就。《朝天忏》称："人之所以富贵，为世人所尊重都是从忍辱中间得到的。"

如果你不能接受一次嘲笑，将会受到别人更多的挑剔和攻击。 人生中如果你不能忍一时之痛，那么你的痛苦将是长久的。历史上，有多少名人志士的"忍耐"之性格、"忍耐"之功夫为我们做出了榜样。

唐代娄师德与其弟初入仕途都只是小官，但不久两人都被提升重用了。娄师德对弟弟说："兄弟享受荣华富贵，这是人们所嫉妒的。你怎样才能避免呢？"弟弟回答说："从今以后，如果有人向我脸上吐唾沫，我把它擦去便罢了。"娄师德伤心地说："你这样做还不够啊！人家往你脸上吐唾沫，是怨恨你，你擦它，正违反他的意愿，加重了他的怒气。往你脸上吐唾沫，不擦它，让它自己干好了，应当笑着接受下来。"正因娄师德的"忍"术高强，他才安安稳稳地做了三十年的宰相。

有句谚语说："得忍且忍，得戒且戒，小事成大。"古语又说："木秀于林，风必摧之。"一味趾高气扬，定无好果子吃。

而顽强忍耐者，定能走过大风大浪，最终成就大事。我们每个人都应抱定成功的信念来培养自己的性格与才智，能忍才能笑到最后。

心灵悄悄话

在这个世界上留下辉煌业绩和杰出成就的英雄伟人，无一不是付出了艰苦的努力，埋头奋斗之后才取得成功的。纵观历史，有容德乃大，有忍事乃济。所以，大凡心志高远，胸怀韬略的明达贤哲，都能够保持一种平静的心态，养成"忍"的性格，养成"忍"字功夫，从容不迫地处理各种难题。

放下身段是为了站得更直

有句话说："识时务者为俊杰。"

西汉初的儒士叔孙通就曾多次运用了匍匐前进的策略,在刘邦建立汉朝、礼法混乱之时,感觉时机成熟,便站起身来,大显身手,让刘邦抛弃了对读书人的成见,认识到了他们的巨大作用。

叔孙通最先因有文才而被秦朝朝廷征召。秦二世继位后,陈胜、吴广造反,二世召集当时只剩下30余人的博士问:"听说有人造反,真的吗?"

博士们早就想向皇帝提意见了,这时正好借题发挥,把天下的乱象说了一遍。唯有叔孙通说:"没有的事,不过是些小毛贼。郡守正在捉拿,不足为患。"

二世听了很高兴。下令让法官追查那些说造反是实情的博士,对叔孙通反倒大大嘉奖。众博士走回馆舍,责问叔孙通:"先生说话怎么能这样拍马屁呀?"

叔孙通说:"诸位不明白,我是虎口逃生啊!"

他说完后,看见秦王朝没希望了,赶紧收拾行装溜之大吉。

叔孙通后来投奔汉王刘邦。刘邦向来看不起读书人,拿儒生帽子当便壶,见了读书人就骂。叔孙通最初连饭也吃不下,什么气都受。刘邦见叔孙通穿着一身儒生服装,一看就不顺眼。叔孙通见势不妙,马上回去换成楚人的短装,刘邦才高兴了。

叔孙通投靠汉王的时候,跟随他的弟子有100多人,但他谁也没有推举,只捡那些出身群盗的强壮之徒加以推荐,弟子们偷偷骂他:"服侍先生几年,却不推荐我们,一味举荐那些大强盗,这是什么道理?"叔孙通听到后对他们说:"汉王现在冒死打天下,你们能打仗吗? 现在还用不着我们读书

人。你们耐心些,我不会忘记大家的。"

刘邦建立汉朝后,大臣们议事时没有秩序,没有规矩,乱七八糟,喝醉了酒就乱喊乱叫,有的甚至拔出剑来砍柱子。刘邦为此很担忧。

叔孙通知道时机到了,就去见刘邦,建议他制定礼法。汉高祖斥责他:"我的天下是马上得来的,你们读书人算什么? 去你的!"叔孙通委婉地说:"陛下可以在马上得天下,却不可以在马上治理天下。"刘邦一听这话有道理,就问他该怎么办? 叔孙通于是向他提出制订上朝礼仪的计划。叔孙通用了几个月的时间,把他所规划的"朝班"礼制都演习好后,请汉高祖出来坐朝。

天还没有大亮,朝拜皇帝的仪式就正式开始了。准备上朝的文武百官按照官职大小,在宫门外排列等候。宫门外悬捧着五颜六色的旗帜。雄壮威武的卫士手执刀枪斧钺站立两边。传令官发出号令后,大臣们肃穆恭敬地按顺序快步上殿,然后跪拜山呼:"吾皇万岁万万岁!"

汉高祖见了这等气派,这等威严,十分高兴,情不自禁地说:"我今天才知道做皇帝的尊贵!"从而也知道了读书人的用处。高兴之下,他当即任命叔孙通为太常,赏赐黄金500两。追随叔孙通的那些儒生们也都一一受到了赏赐和提拔。

叔孙通为汉高祖建立的"朝班"制度,经历代沿革,一直到清朝末年,实行了近两千年。从此,封建社会的政治体制思想一直受他的影响。

读书人一向都很清高,认为自己是读了圣贤书的人,与身边的凡夫俗子有着很大的不同,在强硬势力面前虽然不敌,也从不肯低头。认为如果自己屈服了,那就是丢了读书人的脸。这其实是一种迂腐的行为。岂不知,以退为进也是一种智慧。

在这一点上,叔孙通就表现得与别人不一样,他没有被这些世俗的条条框框所束缚,而是在观察到秦二世是个昏庸无能的家伙之后,低调保身,退而求全;在投奔汉王之时,也一贯是低调行事,从来不以读书人的身份自居;在得不到刘邦礼遇之时,没有据理力争,而是隐忍退却。他之所以要这样做,是因为他明白自己的价值在何时能够体现出来,为了能够好好做一番事业,他选择了低调,选择了韬光养晦,最终成了一代儒学宗师,开创了几千年的儒家礼仪制度。

与其让环境适应自己,倒不如自己主动去适应环境。当所处的环境要求自己弯腰前行的时候,不要放不下身段,硬要挺直腰板,那样只会撞得头破血流。低调一些吧,不要让高姿态为自己徒然设下一些陷阱。

心灵悄悄话

人生活在世上,要想有更好的发展,就要学会顺时而动,应时而变。当环境不适合直立前行的时候,不妨弯下身子,甚至是匍匐前行。这样做并不代表你懦弱、畏缩,而是因为匍匐前进不仅可以减少你的阻力,更是让你积蓄力量,以备在站直身子之后能够长久直立。这也是低调之人的处世策略。

顺境不骄，逆境不颓

宁折不弯，这是一些忠直人士一贯坚持的做人风格，他们为人像挺拔的大树，当所有的树都被压弯的时候，他们还直立着。这种气节固然令人钦佩，但结果却是因为太挺拔而更易折断。

要想真正成就大事业，挺拔如树很有必要，但是挺拔中也不能缺少柔韧，这样才能在重压之下，做到曲而不折。低调之人深谙此理，当时机未到之时，他们不会硬碰硬地与人抗衡，而是适当后退几步，为最终实现自己的目标做足准备。

14世纪末，欧洲地区的强国土耳其入侵欧洲小国阿尔巴尼亚。阿尔巴尼亚第勒拉地区的领主卡斯特里奥蒂被迫臣服于土耳其人。为了证明自己对土耳其苏丹的忠诚，卡斯特里奥蒂在1423年将自己四个儿子中的三个送往土耳其的首都埃地尔内作为人质。

送去做人质的三个儿子中有一个叫乔治。乔治精力充沛，机智过人，他很快引起了土耳其苏丹的注意和器重，被派往宫廷学校学习。苏丹为他起了个叫"斯坎德培"的名字，并让他加入穆斯林教。斯坎德培以优异的成绩从土耳其军事学校毕业，并作为一名军人参加了土耳其军队对外国的征战。在战斗中他表现出众，赢得了苏丹的信任，并被封为贵族称号。1438年，土耳其苏丹穆拉德二世封他为被征服的阿尔巴尼亚著名要塞克鲁雅的领主——苏巴什。

虽然斯坎德培内心深处恨透了土耳其苏丹，但是他不能表现出来，斯坎德培深知，想要再建国家，必须做长期、谨慎的准备，抓住最好的时机一举成功，而绝不能轻举妄动，否则的话就将功亏一篑，全盘皆输。为此，他忍辱负重，匍匐前行。他与当地的原阿尔巴尼亚公国的大公们保持着广泛的联系,同时秘密地和不满土耳其人的邻国威厄斯共和国、腊古扎共和国取得联系。1440 年,斯坎德培被调往第勒拉地区任最高长官。这期间,他继续秘密地进行准备,并同邻近的那不勒斯和匈牙利接触,建立秘密联系。

在斯坎德培任第勒拉长官期间,被征服的阿尔巴尼亚人民对压迫、掠夺他们的土耳其人越来越仇恨,他们积极准备武装起义。农民们多次恳请斯坎德培率领他们起义,反抗土耳其人。但是,斯坎德培没有答应,他继续装作全心全意效忠于土耳其苏丹。斯坎德培知道,时机还没有到来,如果仓促起事,那么二十年之功就会毁于一旦。他仍然不动声色地忍受、等待,甘愿承受着本国人民的误解。

1443 年秋天,这期待已久的时机终于来到了。这年的前一年,匈牙利人在胡尼亚迪的率领下对土耳其人进行反攻,取得重大战果。胡尼亚迪计划在下一年展开更大规模的进攻,把土耳其人彻底赶出匈牙利国土。为此,他联络了巴尔干半岛的各个国家,同他们结成联盟,并派人与斯坎德培联系共抗土耳其。光复阿尔巴尼亚的有利国际形势已经形成。同时,反对土耳其的罗马教皇也不断向阿尔巴尼亚的封建主们施加压力,要他们一见匈牙利军队向南推进就立即拿起武器。在教皇的压力下,封建主们也加紧准备;阿尔巴尼亚反对土耳其的国内条件进一步具备了。

这时,土耳其苏丹对匈牙利军队的进攻十分恐惧,他把自己的军事力量大部分集结在多瑙河边以阻挡匈军,只有很少士兵驻守阿尔巴尼亚。

1443 年 11 月 3 日,匈牙利军队跨过多瑙河,直逼尼什城,土耳其部队士气动摇,土军总司令巴夏下令土军后撤,千载难逢的机会到了。斯坎德培在土军撤退的一片混乱中,率领 300 名阿尔巴尼亚人组成的骑兵队伍从前线回调,直通第勒拉,发动起义。

第勒拉的阿尔巴尼亚人热烈响应斯坎德培。斯歆德培决定乘土军暂时晕头转向之际,出其不意地把国内所有要塞都拿到手。他把第一个目标选在克鲁雅。斯坎德培率军抵达克鲁雅城下,他知道城中土军还未来得及得知自己起义的消息,于是决定利用自己是土耳其苏丹宠将的身份诈开城门,引军入城。他派人进城,送上一道假命令,城内土军急忙大开城门,放斯坎德培部队入城。斯坎德培在当天夜里将隐藏在森林中的大批部队偷偷放入城中,突然袭击城中土军。土军惊慌之下束手被歼。这样,斯坎德

培轻而易举地攻克了克鲁雅要塞，消灭了城内所有守军。

斯坎德培继续进攻，各地阿尔巴尼亚人民群起响应，反对土耳其人奴役的武装总起义开始了。由于斯坎德培的长期准备和选择了良好的时机，起义十分顺利。土耳其人万万没料到斯坎德培的举动，一时措手不及，连遭重创。1443 年 11 月 8 日，斯坎德培在克鲁雅宣布恢复自由的阿尔巴尼亚公国。他在克鲁雅白色的城堡上升起了阿尔巴尼亚的国旗——红底儿上一只黑色双头鹰。

但土耳其人是绝不能容忍斯坎德培的所作所为的。1457 年，土耳其 8 万精兵在久经沙场的土耳其将领叶佛列诺扎指挥下向阿尔巴尼亚进发。此时，阿尔巴尼亚正面临着极为严峻的处境。欧洲的盟国大都自顾不暇，无法援救阿尔巴尼亚；阿尔巴尼亚国内的封建领主也开始反对阿尔巴尼亚领导人斯坎德培；有些阿军将领临阵投降土耳其。斯坎德培临危不乱，他制定了在极为不利的环境下打败敌人的计策。他把自己的部队分散隐蔽起来，不让敌人发现，在看准时机的情况下突然出现，猛击敌人一下，就又消失得无影无踪。土耳其大军急切地想与阿军决战，企图一战定乾坤。然而斯坎德培却不断神出鬼没地消耗着敌人的力量，从不与敌人做正面交锋。这使土耳其大军十分恼火和焦躁。

斯坎德培知道，土耳其人非常害怕自己，把自己看成是阿尔巴尼亚抵抗力量的象征。因此，他决定利用土耳其人这一心态，设计迷惑诱骗敌军。于是，他秘密躲藏起来，同时派人四处散布谣言，说他领导的部队已土崩瓦解，还说他为了保住脑袋已藏入深山老林，再也不敢出头露面。以至于土耳其军队司令和他的侄子也相信了这些谣言，深信斯坎德培已不会再起任何作用了。土耳其军队欣喜若狂地庆祝阿尔巴尼亚被征服。然而，就在1457 年 9 月 7 日，土耳其人在阿尔巴尼亚首都克鲁雅附近的阿尔蒲莱纳平原上欢庆自己的胜利之时，斯坎德培率领阿尔巴尼亚大军从天而降，包围了不知所措的土耳其人。这一仗土军彻底被击溃，数千名军士被俘虏。

斯坎德培一举扭转了阿尔巴尼亚的危境。他不但狠狠打击了土耳其人，也打击了那些动摇和背叛的封建主，驱散了对斯坎德培政权命运的任何怀疑和猜测。斯坎德培再一次取得了卫国御敌的胜利。

由这个故事,我们很容易就会联想到中国春秋时卧薪尝胆的勾践,在相似的遭遇下,这些大人物在时机不利于自己的情况下,并没有因为心中的怨气而莽撞地采取行动,而是巧妙地掩藏起自己的真实目的,以软弱的一面示人,让敌人疏忽大意,从而在敌人无法察觉之时,一举成功。这就是低调之人的真正聪慧之处。

　　大丈夫不论得不得志,皆能恬然处之。孟子说:"**穷不失义,达不离道。穷不失义,故士得己焉;达不离道,故民不失望焉。古之人,得志,泽加于民;不得志,修身观于世。穷则独善其身,达则兼善天下。**"在不得志的时候也不忘记义理,在得志的时候更不违背正道。孟子还认为君子是不受外界动摇的,只要不做欠缺仁德、违反礼义的事,则纵使有什么突然降临的祸患,也能够坦然以对,不以为祸患了。

　　孟子本人不仅坐而言,而且早已起而行,达到那种境界了。

　　有一次,公孙丑问他,"倘若夫子做到齐国的卿相,得以推行王道政治,则齐国为霸诸侯,称王天下,也就不算什么稀奇事了。可是当您实际担负这项重职时,也能够做到毫不动心的境界吗?"孟子回答:"是的,我四十岁以后就不动心了。"那么,如何才能达到这个境界呢? 孟子列举了两个方法,即"我知言"与"我善养吾浩然之气"。

　　所谓"知言"是指能够理解别人所说的话,同时也能明确地判断。《孟子》中讲,"听到不妥当的话,就知道对方是被私念所蒙蔽;听到放荡的话,就知道对方心里有邪念;听到邪僻的话,就知道对方行事有违反正道的地方;听到闪烁不定的话,就知道对方已经滞碍难行了。"换言之,拥有这种明确的判断力,就不会被那些无关痛痒的小事所愚弄,更不会因而动摇自己的心意了。

　　在《论语》中有"孔子绝粮于陈"的故事。孔子带着弟子们周游列国时,在陈卷入政治纠纷中,连吃的东西都没有,连续几天动弹不得。最后,弟子子路忍不住大叫:"君子也会遇到这种悲惨的境遇吗?"孔子对于子路的不满视而不见,只是淡淡地回答:"**人的一生都会有好与坏的境遇,最重要的是处在逆境时如何去排遣它。**"

　　荀子根据这段故事指出:"遇不遇者时也。"任何人的一生总会有不遇的时期,无论从事什么工作,都会有和预期相反的结果。长此以往,任何人

都不免产生悲观情绪。然而,人生并不仅有这种不遇的时候。当云散日出时,前途自然光明无量。所以,凡事必须耐心地等待时机的来临,不必惊慌失措,在境遇顺利的时候仍能做到无论做什么事都会成功;可是总有一天,不遇的时刻会悄然来临,因此,即使在春风得意之时也不要得意忘形,应该谨慎小心地活着。

身处顺境而不骄矜,身处逆境而不颓唐,这才是聪明人所应采取的生活态度。

心灵悄悄话

要想真正成就大事业,挺拔如树很有必要,但是挺拔中也不能缺少柔韧,这样才能在重压之下,做到曲而不折。低调之人深谙此理,当时机未到之时,他们不会硬碰硬地与人抗衡,而是适当后退几步,为最终实现自己的目标做足准备。

自嘲者自信

　　自嘲并不是自卑,也不会让你在人前抬不起头来。自嘲是一种低调做人的智慧,它能拉近你和别人的距离,融洽你的人际关系。

　　唱高调,炫耀自己,这是很多人经常干的事情,他们常常在人前显示自己的博学广闻,自己的聪明机智。他们以为这样别人就会尊敬自己、欣赏自己。殊不知,实际情形却恰恰相反,**越是吹捧自己的人越会得到别人的蔑视和嘲笑,而那些为人低调谦逊,敢于自嘲的人却会得到大家的尊敬。**

　　在"纽约南社"举行的一次午宴上,主人把刚被选为新泽西州州长的威尔逊介绍成是"未来的美国大总统",这自然是对威尔逊的一种恭维。一些浅薄的人对这样的恭维必定会表现出扬扬得意、不可一世的神态,但是威尔逊却没有,他在讲了几句开场白后,针对这个抬举开起了玩笑:"我感觉自己在某一方面——我希望只是在这方面——类似于别人给我讲的一个故事里的人物。"接着他讲了一件趣事:一次,几个朋友在一块儿聚会。当时有个朋友想挑战一下一种有名的威士忌——"松鼠"酒,之所以取名"松鼠",是因为据说凡是喝了这种酒的人都会爬树。结果,有位先生喝得太多了。当大家一起去搭火车返回时,他竟把方向给弄反了,本来他应该往北去,他却坐上了往南的火车。他的伙伴们想把他弄回去,就打电报给列车管理员说:"请把那个叫约翰逊的小子送到往北走的火车上来,他喝醉酒了。"没想到,对方立刻就有了回电:"请说得详细点。这车子里有 13 个这样的人——他们既不知道自己的姓名,也不知道目的地在哪儿。"

　　说完这个故事后,威尔逊幽默地说:"我现在倒确实是知道自己的名字,可是我却不能——像那位先生一样——确定我的目的地在哪儿。"听众哄堂大笑。

敢于自嘲的人，敢于说笑话打趣自己的人，很少会有嫉妒自己的敌人，他们与别人往往相处得很融洽。威尔逊的自嘲取得了很好的效果。当然，威尔逊要达到的目的并不仅仅是博人一笑，实际上，他是用了一个最有力量的方法——以降低自己的"自我"为代价，把别人的"自我"提高起来，来消除一些固有的嫌隙，获取人们对他的支持和帮助。当时，在听了故事而发笑的人中间，恐怕很少有人注意到自身所产生的变化吧。但事实就是，他们立刻产生了对威尔逊的好感。

适当自嘲，这种说话方式对我们大有裨益，许多低调的人都是利用这种说话方式而获得显著的结果的。

通过自嘲赢取别人好感的方法虽然很有效，但是大多数人却不愿采用。因为他们觉得在公众面前应该展现一个完美的自我，自我暴露一些缺点在人前是一件很丢脸的事情，会让自己的形象在人前大打折扣。其实，这是一种不自信的表现。

美国心理学家卡耐基常常带一只叫雷斯的小猎狗到公园散步。因为他们在公园里很少碰到人，又因为这条狗友善而不伤人，所以，他常常不给雷斯系狗链或戴口罩。

有一天，他们在公园遇见一位骑马的警察。警察严厉地说："你为什么让你的狗跑来跑去而不给它系上链子或戴上口罩？你难道不知道这是犯法吗？"

"是的，我知道！"卡耐基低声地说，"不过，我认为他不至于在这儿咬人。"

你不认为！你不认为！法律是不管你怎么认为的。它可能在这里咬死松鼠，或咬伤小孩。这次我不追究，假如下次再被我碰上，你就必须跟法官解释了。"

卡耐基的确照办了。可是，他的雷斯不喜欢戴口罩，他也不喜欢它那样。一天下午，他和雷斯正在一座小山坡上赛跑，突然，他看见上次碰见的那位警察正骑在一匹红棕色的马上。

卡耐基想，这下栽了！他决定不等警察开口就先发制人。他说："先生,这下你当场逮到我了。我有罪。你上星期警告过我,若是再带小狗出来而不替它戴口罩,你就要罚我。"

"好说,好说,"警察回答的声调很柔和,"我知道在投入的时候,谁都忍不住要带这样的小狗出来溜达。"

"的确忍不住,"卡耐基说道,"但这是违法的。"

"哦,你大概把事情看得太严重了,"警察说,"我们这样吧,你只要让它跑过小山,到我看不到的地方,事情就算了。"

在这里,卡耐基为了免于被责,故意拔高自己的错误,使警察觉得他已经认识到了错误,而且对自己也表现出了足够的尊重,所以也就不再好意思责备他。

这就是低调的人的处世技巧,当他们认为自己可能会被人指责时,就会先数落自己一番,让对方不好意思再指责自己。这种方法对那些不管是通情达理的人还是刁钻找碴儿的人都很管用。

小赵就是依靠这一招过了广告社主任这一关。

做广告图时,最要紧的是简明正确,有时不免发生些小错。有一位广告社主任,专喜欢在小地方挑毛病,员工时常是不愉快地从他的办公室走出来,不是因为他的批评,而是他攻击的地方不当。有一位员工小赵于百忙中替他赶完一幅画,他来电话叫小赵去,到那儿果然不出所料,他显得非常愤怒,已经准备好了要批评小赵一顿。小赵却用了责备自己的方法,说:"主任,你所说的话不假,一定是我错了,而且是不可原谅的。我替你画画多年,应该知道如何做才对,我觉得很惭愧。"

听到小赵这样说话,那位主任感觉不好意思,反而替小赵分辩说:"是的,你说得对,不过这并非大错,仅仅是……"

小赵马上插嘴说:"不论错的大小,都有很大的关系,会给别人看了不高兴。"主任打算插嘴说话,但小赵却不容他说。小赵继续说道:"我实在应该小心,你给我的工作很多,你理应得到满意的东西,所以我想把这幅画重新画一张。"

"不!不!"主任坚决地说,"我不打算太麻烦你。"

他夸奖小赵所作的画,说只需稍加修改就可以了,而且这一点小错,也不会使公司受损失,仅是一点小节,不必太过虑了。

小赵急于批评自己,使他的怒气全消。最后,他邀小赵一起吃点心。在告别之前,他开给小赵一张支票,并又委托小赵画另一幅新的广告。

原本是要被主任狠狠批评一顿,但结果不仅将危机轻松化解,而且还得到了主任的器重。

小赵的做事方法值得我们反思。为什么我们总感觉到上司故意刁难我们?为什么自己与上司的关系总是那么僵?原因只是上司要求苛刻,很难相处吗?如果我们也像小赵那样,在平时的工作中,低调一些,当上司指责自己时,也不妨用上这一招故意拔高自己错误的办法,说不定你们的僵局会缓解呢。而且只有被上司看顺眼了,你的职场之路才会走得很顺畅,所以,何乐而不为呢?

心灵悄悄话

人本来就不是十全十美的,你的一些小缺点不仅不会损害你的光辉形象,而且还会为你消除敌意,增加几分人气。要清楚一点,自嘲并不是自卑,也不会让你在人前抬不起头来,自嘲是一种低调做人的智慧,它能拉近你和别人的距离,融洽你的人际关系。

大丈夫当能屈能伸

很多时候,表面的弱者才是真正的强者,他们的小屈是为了日后的大"伸"。能忍下一时之气、不与人针锋相对的人,一定是一流的聪明人。

"忍"字心头一把刀。忍的滋味并不好受,所以很多人都讳言"忍"。虽然心里也明白"小不忍则乱大谋"的道理,可就是咽不下这口气,为了把郁结在心中的怒气发泄出去,就会做一些不计后果的事情,使本来还有转圜的事情陷入僵局。低调的人却绝不会这样做,他们懂得克制自己的情绪,会在心中千遍万遍告诫自己:**忍下小屈,是为了以后的大伸。**

石苞是西晋初期一位著名的将领,晋武帝司马炎曾派他带兵镇守淮南,在他的管区内,兵强马壮。他平时勤奋工作,各种事务处理得井井有条,在群众中享有很高的威望。

当时,占据长江以南的吴国还依然存在,吴国的君主孙皓也还有一定的力量,他们常常伺机进攻晋朝。对石苞来说,他实际上担负着守卫边疆的重任。

在淮河以北担任监军的名叫王琛。他平时看不起贫寒出身的石苞,又听到一首童谣说:"皇宫的大马将变成驴,被大石头压得不能出。"石苞姓石,所以王琛就怀疑这"石头"就是指石苞。于是,他秘密地向晋武帝报告说:"石苞与吴国暗中勾结,想危害朝廷。"

在此之前,风水先生也曾对武帝说:"东南方将有大兵造反。"等到王琛的秘告上去以后,武帝便真的怀疑起石苞来了。

正在这时,荆州刺史胡烈送来关于吴国军队将大举进犯的报告。石苞也听到了吴国军队将要进犯的消息,便指挥士兵修筑工事,封锁水路,以防御敌人的进攻。武帝听说石苞固城自卫的消息后更加怀疑,就对中军羊祜

说："吴国的军队每次来进攻，都是东西呼应，两面夹攻，几乎没有例外的。难道石苞真的要背叛我？"羊祜自然不会相信，但武帝的怀疑并没有因此而解除。

凑巧的是，石苞的儿子石乔担任尚书郎，晋武帝要召见他，可经过一天时间他也没有去报到，这就更加引起了武帝的怀疑，于是，武帝想秘密地派兵去讨伐石苞。武帝发布文告说："石苞不能正确估计敌人的势力，修筑工事，封锁水路，劳累和干扰了老百姓，应该罢免他的职务。"接着就派遣太尉司马望带领大军前去征讨，又调来一支人马从下邳赶到寿春，形成对石苞的讨伐之势。

自己对朝廷忠心耿耿，却没想到到头来得到的是王琛的诬告、武帝的怀疑，这事情要是放在别人身上，早就怨气十足了。起码会想尽一切办法上书朝廷陈述自己的功绩，为自己辩解。可是石苞对此事却保持沉默，他为人之低调不能不让人佩服。他放下身上的武器，步行出城，来到都亭住下来，等候处理。

武帝知道石苞的行动以后，顿时惊醒过来，他想：讨伐石苞到底有什么真凭实据呢？如果石苞真要反叛朝廷，他修筑好了守城工事，怎么不作任何反抗就亲自出城接受处罚呢？再说，如果他真的勾结了敌人，怎么没有敌人前来帮助他呢？想到这些，晋武帝的怀疑一下子消除了。后来，石苞回到朝廷，还受到了晋武帝的优待。

俗话说："脚正不怕鞋歪，身正不怕影斜。"在大是大非面前和紧急关头，应该冷静地对待和妥善地处理。对于自己所遇到的不平之事，要勇于忍受，不要因此而惊恐不安或是气愤不已、轻举妄动，那样只能是把事情搞得更糟。

古今中外做出杰出成就或干出轰轰烈烈事业的人，常常是那些能屈能伸的人。**能屈能伸，刚柔兼济，从来不失为男子汉大丈夫的气度和风范。**一时的低头是为了长久的抬头，正如暂时的退让是为了更好地前进。有进有退，能屈能伸，这是成功的必要条件。那种一往无前、有进无退的人仅仅是个莽汉，表面上英勇，实则是成事不足，败事有余。

孟子说过"**故天将降大任于是人也，必先苦其心志，劳其筋骨，饿其体**

肤,空乏其身,行拂乱其所为。所以动心忍性,曾益其所不能。"

对于众多企求建功立业的人来说,命运之神近似虐待狂,它狠心地将人们投入一条粗暴恐怖的生命之途中,去接受种种凡人难以忍受的折磨……在这漫长而艰难的跋涉中,许多人支持不住中途倒下了。只有极个别人受住这种炼狱般的考验,成功地达到目的地。他们成功的关健,是因为手中有一根百折不挠的杖——能屈能伸。

战国时期的苏秦,是著名的纵横家。为了获取功名,起初是用连横的主张去游说秦惠王,结果上了十次奏章也未被采纳。他的衣服破了,钱也用完了,只好灰溜溜地回到家。家里人都瞧不起他,甚至妻子都嘲笑他。但他没有灰心,连夜摆出几十个书箱,终于构思出一个改连横为合纵六国的谋略。

于是苏秦去赵国游说赵王,得到赵王的赏识,拜他为相。让他到六国相约合纵,拆散连横。这样,苏秦成了纵约长,佩六国相印,纵横捭阖,名震天下。

有关这类例子,最广为人知、最被人称道的就是韩信的事迹了。韩信能受胯下之辱,并非他是懦夫,而是因为他有远大的抱负,没有必要为了和那个无赖斗气,而毁了自己的前程。后来韩信率领千军万马,逐鹿中原,所向披靡,战功赫赫,成为一代名将。

另一位是越王勾践,卧薪尝胆,励精图治,使越国日益强盛,最终灭掉吴国,称霸诸侯。中国历史上唯一的女皇帝武则天,她能成就一番惊天动地的伟业,并不是仅凭自己过人的才貌所能做到的,而关键是她有一颗超出常人的坚韧之心。

如果心志不坚、筋骨不壮、体肤不强、身无千锤、为无百炼,何能接掌大任? 如果没有做出大的贡献,何来大的报偿?

当然,**所有这些"屈"的忍耐不是消极等待。在忍耐中做准备,才能积极地、能成大事立大业地忍耐。**像苏秦、韩信受辱不忘读谋略之书;勾践受辱不忘东山再起;武则天受辱不忘谋取帝位,这才是大忍,才是真正的能屈能伸。

现在社会上，受到不公平待遇的人比比皆是。但不必为此怨天尤人，自暴自弃。要想学会做人处世，首先要学的就是忍。在忍耐之中，你应该设法做出更大的成绩，准备更充沛的力量，在时机来临时，见机行事，迅速采取行动，一举奏功。

心灵悄悄话

在大是大非面前和紧急关头，应该冷静地对待和妥善地处理。对于自己所遇到的不平之事，要勇于忍受，不要因此而惊恐不安或是气愤不已、轻举妄动，那样只能是把事情搞得更糟。

争是不争，不争是争

在名利面前，很多人都很难把持自己，想尽一切办法也要弄到手。不过争来争去，最后的胜利者却往往是那些不争的人。这也就应了老子的那句话："夫唯不争，故天下莫能与之争。"老子的这句话的意思是，正因为不与人相争，所以遍天下没人能与他相争。

这可是一个充满大智慧的做人与做事的哲学。可惜的是，两千多年来，能参悟和运用这一做人哲学的人却凤毛麟角。在名利权位面前，人们常常忘乎所以，一个个像乌眼鸡似的，巴不得吞了你。可到头来，这些争得你死我活的人，大都落得个遍体鳞伤、两手空空，有的甚至身败名裂、命赴黄泉。

相反，那些深谙不争之术的人往往更容易获得成功。

三国时的曹操很注重接班人的选择。长子曹丕虽为太子，但另一个儿子曹植更有才华，文名满天下，很受曹操器重。于是曹操产生了换太子的念头。

曹丕得知消息后十分恐慌，忙向他的贴身大臣贾诩讨教。贾诩说："愿您有德行和度量，像个寒士一样做事，兢兢业业，不要违背做儿子的礼数，这样就可以了。"曹丕深以为然。

一次曹操亲征，曹植又在高声朗诵自己做的歌功颂德的文章来讨父亲欢心，并显示自己的才能。而曹丕却伏地而泣，跪拜不起，一句话也说不出。曹操问他什么原因，曹丕便哽咽着说："父王年事已高，还要挂帅亲征，作为儿子心里又担忧又难过，所以说不出话来。"

一言既出，满朝肃然，都为太子如此仁孝而感动。相反，大家倒觉得曹植只晓得为自己扬名，未免华而不实，有悖人子孝道，作为一国之君恐怕难

以胜任。毕竟写文章不能代替道德和治国才能,结果还是"按既定方针办",太子还是原来的太子。曹操死后,曹丕顺理成章地登上魏国皇帝的宝座。

其实刚开始时,曹丕是极不甘心自己的太子之位被弟弟夺走的,他想拼死一争,却又明知自己的才华远在曹植之下,胜数极微,一时竟束手无策。但他毕竟是个聪明人,经贾诩的点化,脑瓜顿时开窍:**争是不争,不争是争**。与其争不赢,不如不争,我只需恪守太子的本分,让对方一个人尽情去表演吧,公道自在人心!最后,这场兄弟夺嫡之争,以"不争者胜"而告终。

曹丕因不争而保住太子之位,而东汉的冯异则不争而被封侯。

西汉末年,冯异全力辅佐刘秀打天下。一次,刘秀被河北王郎围困时,不少人离他而去,而冯异却始终不离刘秀左右,宁肯自己饿肚子,也要把找来的豆粥、麦饭进献给饥困之中的刘秀。河北之乱平定后,刘秀对部下论功行赏,众将纷纷邀功请赏,冯异却独自坐在大树底下,只字不提饥中进贡食物之事,也不报请杀敌军功。人们见他谦逊礼让,就给他起了个"大树将军"的绰号。而后,冯异又屡立赫赫战功,但凡议功论赏,他都退居廷外,不让刘秀为难。

公元26年,冯异大败赤眉军,歼敌8万,使对方主力丧失殆尽,刘秀驰传玺书,要论功行赏,"以答大勋",冯异没有因此居功自傲,反而马不停蹄地进军关中,讨平陈仓、箕谷等地乱事。

嫉妒他的人诬告他,刘秀不为所惑,反而将他提升为征西大将军,领北地太守,封阳夏侯,并在冯异班师回朝时,当着公卿大臣的面赐他以珠宝钱财,又讲述当年豆粥、麦饭之恩,令那些为与冯异争功而进谗言者羞愧得无地自容。

另有一民间故事也可做"不争者胜"的佐证。

江南有一个大家族,老爷子年轻时家里有钱,风流成性,养了一大群妻妾,生下一大堆儿子。眼看自己一天比一天老了,他心想:这么大一个家当总得交给一个儿子来管吧。可是,管家的钥匙只有一把,儿子却有一大群。于是,儿子们斗得你死我活。这时,只有一个儿子默默地站在一边,只帮老爷子干事,从不参与争斗。争来斗去,老爷子终于想明白了,这把钥匙交给这群争吵的儿子中的任何一个都不会管好。最后,老爷子将钥匙交给了不争的那个儿子。

以上三个故事都证明了同一道理——**不争者胜**。这一哲理也许更适用于我们今天的社会。

汽车大王福特说过这样一句话:"假如有什么成功秘密的话,就是设身处地为别人着想,了解别人的态度和观点。"因为这样不仅能够与对方沟通和相互理解,而且可以更清楚地了解对方的思维轨迹,避免没有意义的争议。

人生好比行路,总会遇到道路狭窄的地方。每当此时,最好停下来,让别人先行一步。如果心中常有这种想法,人生就不会有那么多争执了。让一步是一种智慧,让一步是为了前进,有理不在声高,通常,越是不争的人,越是可以成大事。

低调的人面对针锋相对的争论懂得心平气和,因为争论的结果总是使争执的双方更坚信自己的绝对正确,使矛盾越激化。不必要的争论,不仅会使你丧失朋友,还会浪费你大量的时间。

如何避免无谓的争论:

1. 欢迎不同的意见。

人的思维不可能是绝对完整和全面的,总有一个客观或主观的原因让你有所忽略,那么,有人给你提出来可谓是一件好事,提醒你注意,使你下次避免犯下更大的错误。你真的应该衷心地对他说谢谢。不同的意见绝对不是引起争论的好理由。

2. 找出共同点。

有的争论,到最后双方发现其实彼此的观点中有很多相似的地方,完全没有必要去为此而争执不休。因此,在最开始就去寻找双方的共同点,既能保持双方的良好关系,又有利于找到灵活解决问题的方法。

3. 不要急于为自己辩护。

人们最基本的生理反应,就是自卫。当一遇到对抗或者是攻击的时候,直觉就会让我们首先去自卫,要为自己找理由去辩护,这就是争论的开端。因此,遇到争议时应该先冷静地听完对方所有的观点,客观地分析和思考,说不定就真的能从中获得极大的益处。

如果发现自己真的有错,更不要再试图为此而掩盖或找理由开脱,那只会欲盖弥彰。诚实地向对方承认自己的错误,并且请求他的谅解,别人一般是不会拒绝的。

4. 答应考虑对方的观点。

有时,不妨答应考虑对方的观点。因为对方提出的观点极有可能存在正确的一点,如果暂时不能做出判断,那么就应该答应再花时间多考虑他的观点,防止自己犯错,也让他人觉得受到了尊重,争论也就不可能发生了。

心灵悄悄话

在我们这个物质还不太丰富的社会里,争名夺利的事情每天都在发生,有人为的圈套,也有自然的陷阱,它们如同一个巨大的旋涡,把无数人都卷了进去。对此,最聪明的做法是,低调一些,迅速远离它!因为在横渡江河时,只有远离旋涡的人,才会首先登上成功的彼岸。

放下杂念低调做人

中国古代思想家庄子以"无为"为"有为",认为放弃也是一种选择,人总是要放弃一些东西才能选择一些东西。**任何成功的人,大都是放弃了一些东西之后,专注于事业才取得成功。**任何人都只有先放弃一些事,做好一件小事,才能够逐渐做成大事。

人们常说一个人要拿得起,放得下。然而在现实生活中,"拿得起"容易得很,"放得下"却异常艰难。**霓红灯下,多少红男绿女在上演着一幕幕人间悲喜剧。**这个到处充满了无言诱惑的年代,人又怎会舍得割舍掉种种欲念呢?

有一位成功的英国商人曾经苦恼地对他的心理医生述说他的烦恼:他除了必须的工作以外,便是购买各种机械,用于维护家中的草坪喷灌系统、清洁游泳池、养护马匹和自己的汽车。但后来他发现,自己买的每一样新东西最后反而是要让自己投入更多的精力去照料它,结果自己被弄得疲惫不堪,以至于没有时间享受家庭生活。他的心理医生建议他抛开这些东西,过一种简单的生活,他却很肯定地说,这些东西都是必不可少的。

人生实在是有意思的很。有时复杂得要命,任凭我们绞尽脑汁也看不明白想不通,而有时却又如此的简单,简单到只有两个可供选择的答案,要么取,要么舍。

明知不可为而为之,固然是一种勇气。然而,放弃又何尝不是呢?放弃不该拥有的财富,放弃不该得到的权力,放弃不该追求的感情,放弃无谓的名和利,放弃一切心的桎梏与枷锁——放弃一切浮华的喧闹,得到的是内心永恒的宁静。这种放弃又何尝不是一种美呢?

人的一生短如烟花,转瞬间即逝。痛苦也好,幸福也罢,终究是尘归尘,土归土。《菜根潭》里说:"宠辱不惊,看庭前花开花落;去留无意,望天

上云卷云舒。"

当一个人做着不同凡响的事业,却处处保持着谦谨低调的作风,不推崇、不张扬时,他的形象反倒会高高地矗立在人们的心中。所以,不管你是已经高高在上,还是正在努力往高处攀登,做人低调一点,才可能更受人喜欢和尊敬。

马克思逝世后,年迈的恩格斯独自肩负起指导国际工人运动的责任。他以火一般的热情为国际无产阶级解放事业操劳到生命的最后一刻,赢得了国际先进工人的衷心爱戴和敬仰。在巨大的荣誉和声望面前,恩格斯从未沾沾自喜,始终保持着谦虚谨慎的作风,反对以任何形式推崇和颂扬他个人。

1893 年秋,恩格斯去瑞士、奥地利和德国做旅行和访问。这些国家的工人群众出于对他的热爱,纷纷举行了盛大的欢迎会。恩格斯再三说:"这完全不适合我。"在苏黎世、维也纳和柏林,他不得已到集会上讲话时,总是指着悬挂在会场上马克思的像说,他只是作为马克思的战友来接受大家的欢迎,分享马克思的荣誉。在谈到他自己时,他说:"如果说我在参加运动的五十年中的确为运动做了一些事情,那么,我并不因此要求任何奖赏。我的最好的奖赏就是你们! 到处都有我们的同志:在西伯利亚的监狱里,在加利福尼亚的金矿里,直到澳大利亚。……这使我感到骄傲!"

1890 年 11 月下旬,在恩格斯七十寿辰前夕,贺信和贺电雪片似的从欧美各国向伦敦瑞特琴公园路 122 号飞来。倍倍尔和李卜克内西等打算专程从柏林来向他祝贺。恩格斯一再表示这完全是不必要的,他无论如何不能接受。倍倍尔再三坚持,并说明来伦敦还要会见英国工人运动的领导人,恩格斯才勉强同意他们来参加他的家宴,并表示只此一次。马克思的幼女、英国工人活动家爱琳娜在《德国社会民主党人》月刊上发表了一篇祝贺他寿辰的文章,恩格斯看了很不高兴,批评她不该"过分地颂扬我",说要对她"训一训"才好。

第二年冬,伦敦德意志工人共产主义教育协会歌咏团为恩格斯七十一寿辰准备了一场音乐晚会,邀请恩格斯出席。恩格斯当天才得知此事,他为自己未能及时阻止而感到不安,便立即给歌咏团写了一封信,找了一个托词谢绝了他们的邀请，并告诉他们："马克思和我都从来反对为个别人举行任何公开的庆祝活动，除非这样做能够达到某种重大的目的。我们尤其反对在我们生前为我们个人举行庆祝活动。"

恩格斯生前反对人们以任何形式推崇他个人，也"从不考虑死后的荣誉"。他在晚年曾经多次表示，自己作为马克思的一个不太出色的战友和助手，得到了过多的荣誉和过高的评价。他对梅林说："历史最终会把一切都纳入正轨，但到那时我已幸福地长眠于地下，什么也不知道了。"他不需要后人为他树碑建馆。他曾经表示，希望他故乡自有的房屋有朝一日能成为党的印刷厂厂房。

其实，越是真正伟大的人物，越是取得巨大成就的人，为人越是低调、不求名利，他们更加受人尊敬。反之，一些只是小有成就却自视甚高的人，却在到处炫耀、四处吹嘘，也因此招来别人的嘲讽和讥笑。

低调做人是一种境界，一种风度，一种修养，一种去留无意的胸襟，一种宠辱不惊的情怀。甘于低调做人者，总能以平常心面对喧嚣的世界、纷扰的人群，在为人处世上从不表现出骄慢、卖弄和过分张扬的姿态来，而是把自己的举止言行融于常人当中，并始终把自己看作社会上普普通通、实实在在的一员。这不仅是一种做人的标准，也是一门做人的艺术。

除了无行为能力者外，我们绝大多数人都迟早要融入社会生活中去，那么，我们在社会上如何才能做到既生活得坦然、潇洒，又行走得游刃有余，避免遭受打击和伤害呢？要知道，我们所面对的这个社会有着各种各样的条条框框，你只有符合了这些条条框框的要求，才有资格跨进社会门庭，实现壮丽人生。

孟买佛学院是印度最著名的佛学院之一。这所佛学院之所以著名，除了它的建院历史久远、建筑辉煌和培养出了许多著名的学者之外，还有一个特点是其他佛学院所没有的一个极其微小的细节。所有进入这里的人，当他再出来的时候，几乎无一例外地承认，正是这个细节使他们顿悟，正是这个细节让他们受益无穷。

这是一个很简单的细节，只是许多人都没有注意：孟买佛学院在它的

正门一侧又开了一个小门，这个小门只有一米五高、四十厘米宽，一个成年人要想过去必须学会弯腰侧身，不然就只能碰壁了。

这正是孟买佛学院给它的学生上的第一堂课。所有来校的新生，教师都会引导他到这个小门旁，让他进出一次。很显然，所有的人都是弯腰侧身进出的，尽管有失礼仪和风度，但是却达到了目的。教师说，大门当然出入方便，而且能够让一个人很体面很有风度地出入。但是，有很多时候，我们要出入的地方并不都是有着壮观的大门的。这个时候，只有暂时放下尊贵和体面的人，才能够出入。否则，有很多时候，你就只能被挡在院墙之外了。

佛学院的教师告诉他们的学生，佛家的哲学就在这个小门里，人生的哲学也在这个小门里，尤其是通向这个小门的路上，几乎没有宽阔的大门，所有的门都是需要弯腰侧身才可以进去的。

我们不全是佛教徒，但我们同佛教徒一样，要走完自己的人生之路。要使自己在人生旅途中多一些一帆风顺，少遇挫折，学会"弯腰、低头、侧身"，对每个人来说都是一门必不可少的修炼，而低调做人正是这种修炼的最佳境界。

有一位哈佛大学毕业的经济学博士来到墨西哥海岸度假。一天，一位渔民拎着几条大鱼从一条小渔船上下来，看到这位博士，便热情地邀请他到家中做客。这位渔民的妻子烹制了非常可口又别具风味的小吃，又邀来几位邻居与这位博士小酌，博士感到从未有过的惬意。高兴之余，他对这位渔民说，我是学经济的博士，我可以帮助你致富并出人头地。他说："你可以每天多打些鱼，除了自己吃还要去卖。"渔民说："卖了钱做什么呢？"博士说："钱攒多了就可以再买一条船去捕更多的鱼，卖更多的钱。"渔民说："钱多了做什么呢？"博士说："钱足够多了，你就可以组织一个船队去捕鱼，然后就不卖鱼了，自己成立一个鱼罐头加工厂，自己当老板，那时你就能挣到更多的钱了。"渔民又问博士说："以后我还做什么呢？"博士说："以后你当上大老板，就不用再辛辛苦苦地操心了，你就可以时常回到家中，同几个朋友在凉爽的海滩旁烹上一条鲜鱼，喝点美酒，抛开商场上、官场上的争斗,回归到平淡和自然中来,那时你是多么幸福啊!"听到这,渔民问博士说:"你说的那种结局是不是就像我们现在这样呢?"博士喝了口酒,想想说:"是的,是的。"

最后这位渔民说:"我们这里曾有出去寻找出人头地的人,但没见过有出人头地的人回来。我们这样生活已经有几代人了,却也是怡然自乐。"

这不是寓言故事,是美国经济学博士波奇的一段亲身经历。后来他说,他最向往的就是墨西哥渔民那样的生活。

这位墨西哥渔民的姿态就是一种低调做人的哲学透镜,它反射出一种朴素、平和与自然的情调,并在出世与人世的平衡中向我们提供了低调做人的有益启示。

心灵悄悄话

对于一个行事低调的人而言,他的人生价值在于为社会做了多少贡献,而不是留下了多少美名。而事情必有因果,当他一心做贡献的时候,他的美名也被人们默默流传。事实往往如此。一个人只要为社会做出了真正的贡献,给人民带来了利益,即使不树碑建馆,不高调宣扬,也会永远留在人民心中。

大人物的低调

当今世界上,一提起美国,连没上学的小孩子都知道,美国何以有如此大的影响力,这与美国曾出现过众多的杰出领导人不无关系。

华盛顿、林肯、柯立芝、杰斐逊,他们都以各自非凡的品质赢得了世人的称赞,也以他们的非凡才华和能力领导了一个伟大的国家。

1763 年,英王宣布阿巴拉契亚山脉以西的土地归英国皇家所有,禁止北美殖民地人民向西迁移。此举加剧了殖民地和英国间已有的矛盾。1765 年的印花税条例又严重侵犯了殖民地议会的权力。英王的屡屡压制使华盛顿对殖民政策十分不满,但在很长一段时间内,他还对乔治三世这个被潘恩称为"大不列颠皇家畜生"的"戴着王冠的大坏蛋"抱有幻想。1773 年,波士顿倾茶事件和次年英国对此采取的"强制法"更坚定了华盛顿的反英决心。他曾发誓:"我要招募 1000 名战士,自己出资带他们驰援波士顿。"华盛顿参加了两次大陆会议,并在第二次会议上宣誓就任新成立的大陆军总司令。在接受任命时,华盛顿声明:除付给他的一些因公支出的费用外,他不接受总司令之职的任何薪俸。

美国的独立战争是在双方都缺乏热情下进行的。英国军官不愿帮助他们的海外兄弟。美国方面也只有极少数人愿为独立做出牺牲。因此,华盛顿面对的真正敌人不是腐朽和金玉其外、败絮其中的英军,而是大陆军内部的消极情绪。他在试图整编新组建的大陆军时写道:"……这样缺乏公益心和道德心,使尽一切卑劣手段谋取利益,是我前所未见的。"历史上很多将军遇到这种情况时,都自动交出指挥刀,放弃整个事业,然而华盛顿在逆境中却以坚忍的毅力克服了困难。

战争一开始,大陆军的装备、训练、士兵素质立刻相形见绌。1776 年 7

月,英军攻打纽约。大陆会议命令华盛顿带兵保卫纽约。华盛顿在比英军先到一步、以逸待劳的情况下,输给了威廉·豪。几天内,大陆军损失3000多人,着装威武、傲气十足的英军以压倒一切的气势企图一举消灭大陆军。华盛顿知道,如果继续战斗,大陆军必然全军覆没,于是他策划了一次非凡的撤退。这次撤退要几千军队带走所有武器弹药,从近在咫尺的胜利的敌军面前悄然离去。这是一项需周密计划的撤退。华盛顿首先安排好接应船只,然后他要求已经精疲力竭的士兵做好夜袭准备,并命令下属米夫林带3个团的残部照常设岗、警戒等主力登船后,这3个团再撤。令人惊心动魄的是在华盛顿及副官催促在中的部队加快步伐时,这位副官命令米夫林的3个团也撤下来。当时渡口船只少,又逆风,部队有些乱,华盛顿看见米夫林撤下来,立刻喊道:"天哪,您要把我们都毁了。"米夫林了解了真相,又回到防线。大雾的降临使英国并未发现大陆军阵地上已有近一个小时无人防守。最后米夫林和华盛顿乘最后一条船离开长岛。这次天意相助下的撤退使华盛顿声名大振。

此役后,大陆军人数由3万多骤减至5000人。到1776年12月,大陆军只有不足3000人,虽然华盛顿突袭黑森雇佣军,打破了英国在冬季消灭大陆军的计划,但败绩频频落在他的头上。1777年冬季,华盛顿以超人的自制力和坚毅的精神,带领士兵在缺粮、少衣、无俸禄的情况下,不放松训练,甚至在谣传要撤销他总司令职务时,他也毫不动摇。经过严酷的考验和严格的训练,华盛顿把松散的军队变成了一支精锐部队。士兵们对他十分信任。当波茨看到华盛顿在福吉谷天使般平静的祈祷后,他预言:"如果华盛顿不是上帝派来的人,就算我毫无眼力;如果上帝不是打算经过他的手来拯救美国,就算我瞎了眼睛。"

华盛顿以他高尚的人格与品德赢得了大陆会议的高度信任。因此,在独立战争的危急时刻,为确保战争的胜利,大陆会议决定授予他相当独断的军权,并在给他的信中写道:"把无限的权力交给我们国家军队的统帅是万无一失的,他绝不会因此而危及他人的安全、自由和财产,这实在是我国人民的一大幸事。"为了感激大陆会议对自己的信任,华盛顿在答谢信中也充分表现出他的高贵品质:"承蒙大陆会议把军事职责最高的和几乎无限

的权力授予我,为此我深感荣幸。我绝不认为,由于大陆会议信任我,我就可以不履行一切公民义务。相反,我要时刻牢记:由于刀剑只是维护我们自由权利不得已的手段,一旦自由权利牢牢确立,首先丢在一边的就是刀剑。"

在长期的战争中,他除了明智英勇地抗击英军外,还积极有力地挫败了内部的反叛、分裂和其他无数困难。约克敦战役的胜利奠定了美国独立的基础。随着战争的一步步胜利,独立迫在眉睫。但是,新的问题却又摆在华盛顿和人们的面前。当时的中央政府无权向各州征税,中央政府靠各州摊派所得运转。随着战争的胜利,各州政府对大陆会议的要求反应冷淡,军队的薪饷也被拖欠。军人开始担心和平一旦来到,自己的生活没有保障。此刻人们希望有一个独揽大权的人物来接管政府。在人们眼里,华盛顿就是这样一个人。军中也有这样的思想,甚至有军官上书要求他做皇帝。但是华盛顿并不想当皇帝,他追求的是得到广大人民的尊敬,并使自己永垂青史。他是一个视荣誉重于生命本身的人,有着强烈的共和思想。为消除人们对他的疑虑,他在向大陆会议索要独立自主的权利的同时多次重申,一旦战争结束,他将解甲归田,化剑为犁。他不愿为了一顶金灿灿的皇冠、为了个人的野心而使美国在刚刚摆脱英国的殖民统治后又重新陷入内战之中。

和平终于来临了。1783年3月下旬,英美签署和平协议。4月19日战争结束,独立战争整整进行了8年。战争结束了,他奉还军职的时候到了,1783年12月23日2点,安丽波利斯的大陆会议厅座无虚席,鸦雀无声。人们静静地等待着他们所崇敬的人到来。寂静中,华盛顿出场了。面对着代表国家的议员,他高大的身躯徐徐低下,幅度远远超出众人的想象,代表们无不隐隐动容。他用自己的身体语言对这个新诞生的国家理念做出最彻底最清晰的解释:总司令只是武装力量的代表,而议员才是国家最高权力的代表。无论如何,军队都只能向着"国家"表示尊敬和服从。

在仪式上,华盛顿用一种庄严、感人的方式发表了一篇简短的讲话:"使我辞职的伟大事业终于发生了,我现在有幸向大陆会议致以真诚的祝贺,并要求他们收回对我的信任,允许我不再为国家服务……长期以来,我一直是按照这个庄严的机构的命令行事的。在向这个庄严的机构亲切告别之际，我在这里交出我的任职令，并结束公职生活中的一切工作。"他昔日的下属、现任国会议长答道："您在这块土地上捍卫了自由的理念，为受伤害和被压迫的人树立了典范。您将带着全体同胞的祝福退出这个伟大的舞台，但是您的道德力量并没随您的军职一起消失，它将永远激励子孙后代。"人们热泪盈眶纷纷与他拥抱。最后为了不使自己过于激动，他一句话也没有说，泪流满面地径直离去。在费城，他与财政部的审计人员一起核查了他在整个战争过程中的开支，账目清楚、准确，他甚至还补贴了许多自己的钱。

辞职的他回到了家，回到了自己的农场，过上了平静的生活。

华盛顿的辞职给这个新生的国家、也给世界树立了一个影响深远的先例，让人主动放弃权力是不可思议的，对于一个能随其心愿担任任何职务的人而言，这就更令人称奇。得大成者其功无边，得大成者必有大气度、大胸襟和大智慧。何谓大？大可以容小，也可以容天下。要知道，能够容天下的人正是有能力创造天下的人。

1938 年，马歇尔在担任陆军部副部长期间，就已经察觉到了法西斯德国的扩张野心，他深深知道，纳粹德国并不满足于将战线推向东欧，他们的最终目的是将战争推向整个欧洲乃至整个世界。倘若战争真的打起来，美国拿什么打仗呢？美国那时的海军装备不错，而陆军的情况糟透了。不谈装备，就拿军费来说，每年国会拨给陆军的军费还不够全国各陆军营房通排水沟之用。靠如此吝啬的军费，陆军不但谈不上发展，连自身都难保。马歇尔为此忧心忡忡，他认为，只有采取以下措施才能确保无虞：必须通过一项重整军备的拨款计划；必须大刀阔斧地将工厂转为军工企业，为军队生产数以万计的大炮和枪支、弹药；必须大张旗鼓招募新兵，彻底改变军队兵员严重不足的现状。马歇尔这些主张遭到了当时奉行孤立主义的国会议员们的抵制和斥责，因而没有能够付诸实践。

1939 年 9 月，第二次世界大战爆发，与此同时，马歇尔被任命为陆军参谋长。在此任期间，马歇尔竭力劝说总统和国会扩军备战，他花费大量时

间让美国的公众、国会和总统注意到,美国的军事力量十分薄弱,不足以抵抗纳粹德国的进攻;在世界大战已经爆发的紧急情况下,只有实施紧急措施,从兵员和装备两方面扩充,才能使美国得到必需的防卫力量。为了达到这一目标,必须要用 6.75 亿美元,有了这些经费,马歇尔认为就可以组建一支 28 万人的陆军和 25 万经过重新装备的国民警卫队。这对于和平备战的国家来说是必不可少的,也是不过分的。但是这一计划却得不到国会任何一个党派和领导人的支持,甚至有人认为马歇尔是战争贩子,这使马歇尔十分恼火,却又无可奈何。

但是,马歇尔没有放弃实施此计划的努力,他决定和财政部长亨利·摩根一道前往白宫,请求总统罗斯福对此项扩军计划予以必要的授权和批准。当时罗斯福情绪极其恶劣,态度十分轻率,马歇尔平静地说:"总统先生,可以听我讲两分钟吗?"罗斯福吃惊地抬头望着他,猛然感觉到陆军参谋长语气中含有的异常平静,罗斯福说:"当然可以,马歇尔将军。"

马歇尔以平静的语气阐述了国际形势对美国的不利状况以及美国国内防守力量的现状,谈到了欧洲战争以及日本对美国的敌意和威胁,明晰而具体地指出了美国军队在兵员、武器及士气方面的糟糕状况。马歇尔心平气和、不卑不亢,用一番有理有力、有节有据的话语,终于说服了罗斯福。不久,马歇尔这个计划获国会通过。在此之后,美国开始走上了大规模扩军备战的道路,为反击法西斯日本与德国的进攻做好了充分的准备。

谈到第二次世界大战,我们会记起三个巨人:罗斯福、斯大林、丘吉尔,会记起许多驰骋疆场的名将:艾森豪威尔、巴顿、蒙哥马利、尼米兹,但人们往往会忘记那些在战场后方出谋划策,进行准备、收尾、后勤工作的将军们,其实恰恰是这些将军们奠定了胜利的基础,马歇尔将军就是这样一位战场后方的指挥者、参谋者。他在美国国内建设兵工厂、造船厂,为美国前线士兵输送了充足的、完备的武器,他在国内进行全民动员,为战争输送了大量兵员,他帮助罗斯福策划了无数次大大小小的战役。他在第二次世界大战中所做的一切,最终为盟军的胜利奠定了基础。

马歇尔这一可贵的品质,集中体现在他与麦克阿瑟的关系上。

马歇尔与麦克阿瑟在陆军中同事多年，并肩作战。麦克阿瑟通常带领大军亲临战场，而马歇尔则默默无闻地在后方为他准备一切。然而，麦克阿瑟却总是抱怨和指责马歇尔，第二次世界大战中也不例外。相反，马歇尔却从来不曾有过片言只语和一举一动表示不满，甚至在遭到麦克阿瑟当面指责时，他也总是和颜悦色、心平气和地阐述自己的观点。马歇尔对麦克阿瑟说自己的坏话充耳不闻，仍然以国家利益为重，给麦克阿瑟提供一切必要的支持和保护。在第二次世界大战期间，马歇尔曾两度使麦克阿瑟免于被解除军衔，美国海军对这一骄横的将军非常不喜欢，总是想时机一到便剥夺亚太地区麦克阿瑟的指挥权。马歇尔却镇定地说了这么一句话："你们必须让麦克阿瑟担任这个职务，这纯粹是出于能力方面的考虑。"

马歇尔曾经说过这样一些话：麦克阿瑟的做法和主张引起疑问、遭到反对的时候，我总是不顾一切地支持他，他这个人个性鲜明、感情强烈……我始终为他出力。这并不是马歇尔在讨好麦克阿瑟，而是因为他欣赏作为军人的麦克阿瑟领兵作战能力过人、筹谋指挥充满自信、身当大任举重若轻。马歇尔并不以自己的恩怨来评价一个将领，而是以他的作战能力为标准。作战能力低的，即使是他的老朋友，他也会毫不客气地降他的职；作战能力强的将军，即使对他蛮横无理，只要能打胜仗他也不会计较。

1943 年，世界反法西斯战争出现转机，同盟国决心在 1944 年组织远征军发动"霸王行动"。"盟国远征军最高统帅"由谁出任为全世界所关注。人们把目光投向了马歇尔。然而，美国总统罗斯福却为此事大伤脑筋。从感情上讲，如果不给马歇尔一个亲临前线统兵作战的机会就太不公平了。

1943 年马上就要过去了，罗斯福必须做出决定。12 月的一天，他单刀直入地问马歇尔："乔治，你愿意指挥'霸王行动'还是愿意继续担任陆军参谋长？我将完全尊重你本人的意见。""总统先生，这个问题应由您来决定，不管您任命我担任什么职务，我都同样乐意。""我仔细考虑了这个问题，决定让你继续担任陆军参谋长，由艾森豪威尔指挥'霸王行动'。"马歇尔毫无怨言地接受了总统的决定。决定一经宣布，陆军部长史汀生惊呆了，因为只有他知道做了一辈子参谋军官的马歇尔"珍藏在内心深处高于一切的秘

密愿望,就是指挥盟国远征军"。只要马歇尔向总统稍微暗示一下,其愿望便能得到满足。然而为了国家利益,马歇尔没有这样做。然而,就连后世之人提起马歇尔,也没有一个人不承认:他是一个大成者。

伟大的人因为作风朴实,深入实际,才能清楚民众究竟在想什么,到底需要什么。这样,他们才能获得民间的各种情况,加深自己对整个社会的理解,获得人们的尊重和爱戴。

没有一个人愿意永远甘于贫贱。大凡一个人技不如人或财力不如人,心里必然憋着一股劲。如果你谦逊地对待他,他这股劲就有可能变成你的助力;反之,你若轻视他,他这股劲就有可能变成怨气,变成一种伤害你的武器。

所以低调的人总是言语谦逊,平易近人。只有这样才不会给别人造成压力;才不会给别人带来妨害,才有人愿意拥护他而不厌恨他。因为他不跟别人争荣耀,天下才没有人能比他享受更多的荣耀。

生活中就是如此,你越是推崇自己,别人反而越是厌弃你;你越是保持低调,别人越是抬举你。所以,明智的人总是尽量在人面前保持低调的姿态。

心灵悄悄话

> 低调的人即使身份高贵,也不显示自己身份,不高高在上是他们的风度和修养。我们应该学习这些伟大的人的优点,即使取得了一些成绩,得到了一定的地位,也要始终把自己当作一个普通人。

第二篇

低调藏身的学问

低调是一种谋略。善用这种谋略的人不会轻易将自己的才华、意图显露出来。那样势必会招来他人的嫉妒和无形阻击。导致自己的计划无法顺利进行。他们通常会外示浑厚、内藏精明。在不显山不露水的过程中将自己的计划圆满完成。低调做人是一种道德选择，这代表着你的清醒。因为要获得人生的增长，就应该抑制不良的欲望，保持一颗平常心。要获得人生的增长，就应该质朴、谨慎、求实。要使别人知道自己，当然先要引起大家的注意，要引起大家的注意，只是从言语行动方面努力的话，会很容易在言语或行动中锋芒毕露。

大勇若怯，大智若愚

做人聪明是好事，但不要表现得过于聪明。人太聪明了，难免会落得"聪明反被聪明误"的下场。

为什么要装傻呢？其实也就是一种韬光养晦之计，是一种故意示弱以麻痹敌人的以退为进、以柔克刚之策。

三国时期，魏国的魏明帝去世，继位的曹芳年仅八岁，朝政由太尉司马懿和大将军曹爽共同执掌。曹爽是宗亲贵胄，一向飞扬跋扈，他用明升暗降的手段剥夺了司马懿的兵权。司马懿立过赫赫战功，如今却大权旁落，心中十分怨恨，但他看到曹爽现在势力强大，一时恐怕斗不过他，于是，司马懿称病不再上朝，曹爽当然十分高兴。

一次，他派亲信李胜去司马家探听虚实。司马懿早已看破曹爽的心思，早有准备。李胜被引到司马懿的卧室，只见司马懿病容满面，头发散乱，躺在床上，由两名侍女服侍。李胜说："好久没来拜望，不知您病得这么严重。现在我被命为荆州刺史，特来向您辞行。"司马懿假装听错了，说道："并州是边境要地，一定要抓好防务。"李胜忙说："是荆州，不是并州。"司马懿还是装作听不明白。这时，两个侍女给他喂药，他吞得很艰难，汤水还从口中流出。他装作有气无力地说："我已命在旦夕，我死之后，请你转告大将军，一定要多多照顾我的孩子们。"李胜回去向曹爽作了汇报；曹爽喜不自胜。

过了不久，天子曹芳要去济阳墟北扫墓，祭祀祖先。曹爽带着他的三个兄弟和亲信等护驾出行。司马懿听到这个消息，认为时机已到，便马上调集家将，召集过去的老部下，迅速占据了曹氏兵营，然后进宫威逼太后，历数曹爽罪过，要求罢黜这个奸贼。太后无奈，只得同意。司马懿又派人

占据了武库。等到曹爽闻讯回城,大势已去。司马懿以篡逆的罪名,诛杀了曹爽一家,终于独揽大权。

司马懿是一个老谋深算的人,精明至极,但是他把自己的精明深藏内心,而以痴傻一面示人,终于等到了反戈一击的机会,除掉了曹爽,掌握了朝政大权。

人们常常用奸商来称呼一些商人,虽然满含贬义,但是也说明了商人的精明。商人经商的手腕有很多种,其中"装傻"可以说是最能"俘获"人心、赚取利润的手段。

在美国西部的某城发生过一件有趣的事。有两家专卖廉价商品的商店,一家名叫美国廉价商店,而另一家则称纽约廉价商店。这两家的店面相邻,店主却是死对头。长期以来,一直就各自商店的销售进行着激烈的竞争。

比如,纽约廉价商店的橱窗中挂出广告:出售亚麻布被单,价格低廉,每床售价6.50美元。但没过多久,隔壁美国廉价商店的橱窗里赫然出现了这样一则广告:我店的被单与隔壁的相比,犹如罗密欧与朱丽叶的亲密关系一样,注意价格:每床5.95美元。这样一来,拥向纽约廉价商店的人们看到隔壁卖的比这里更便宜,马上转而拥向另一家美国廉价商店,只消片刻,被单就被蜂拥而至的人们抢买一空。

像这样的竞争在这两家商店之间可以说从未间断过,而附近的居民却从中获得了巨大的利益。除了利用广告相互压价竞争外,两家商店的老板还常常站在各自的商店门口,相互指责、对骂,甚至拳脚相加,只有当一方败下阵来,才能停止这场残酷的"战斗"。这时等待已久的市民们则好比在比赛场上听到起跑令一般拥向胜利一方的商店,将店内的商品一抢而空,不论能买到什么样的商品,他们都感到很惬意。

几十年过去了,两家商店的主人也老了。突然有一天,美国廉价商店的老板失踪了,铺面上了锁。大家再也看不到他们相互竞争的精彩场面了,感到很茫然,心里好像缺了点什么。每天都在盼望出现奇迹:铺面又开张了,两家店主人开始"战斗",但奇迹没有出现。过了一段时间,纽约廉价商店的老板也将自己的商店拍卖了,随后也搬走了。从此,附近的居民再也没有见到过这两个带给他们刺激和利益的怪人。

终于有一天,商店的新主人前来清理财产,他发现了一桩令人费解的事情:两家商店间有一条秘密通道相连,在楼上还有一道门连接两家老板的卧室。大家都有些惊讶,猜不透昔日"仇敌"的卧室为什么会相通。

经过调查得出了一个让人哗然的结果:这两个死敌,原来竟是一对亲兄弟,他们平时的咒骂、威胁,互相攻击,都是假象,所有的"战斗"都是骗局。因为在他们两个人的"战斗"中,不论哪一方胜利了,只不过是由胜利一方把失败一方的货物一齐卖掉罢了。几十年来,他们利用了人们的求廉心理,通过不间断的"战斗"蒙蔽了当地的消费者,也从中赚取了巨额的利润。

人们原本以为两个商家的做法很是愚蠢,他们竞争得如此激烈,最终却是便宜了消费者。却没想到这两个商家之间竟然有着这样的秘密关系。

由此来看,适当装点傻,不失为一种聪明之举。

大智若愚者,一般是一些道行高深之人,他们对什么事,态度总是淡淡的,一副与世无争的样子。他们或者"采菊东篱下,悠然见南山",或者身居闹市,仍心如止水。一切功名利禄,他们拿得起,放得下。

《三国演义》中有一段"曹操煮酒论英雄"的故事。当时刘备落难投靠曹操,曹操真诚地接待了刘备。刘备住在许都,为防曹操谋害,就在后园种菜,以此迷惑曹操,放松对自己的注视。

一日,曹操约刘备入府饮酒,议起谁为当世英雄。刘备点遍袁术、袁绍、刘表、孙策、刘璋、张乡、韩遂、张鲁,均被曹操一一贬低。曹操指英雄的标准是"胸怀大志、腹有良谋,有包藏宇宙之机,吞吐天地之志。"刘备问:"谁人当之?"曹操说,只有刘备与他才是。

刘备本以韬晦之计栖身许都,被曹操点破后,竟吓得把匙箸丢落在地上,恰好当时大雨将到,雷声大作。刘备从容俯拾匙箸,并说"一震之威,乃至于此"。巧妙地将自己的慌乱掩饰过去。刘备藏而不露,人前不夸张、装聋作哑不把自己算进"英雄"之列。他的种菜、数英雄在表面上收敛了自己

的行为,却把自己的英雄气概深深隐藏在了心中。

我们很难见到一个很有智慧的人的锐利之处,因为大智者从来不以大刀阔斧慷慨激昂表现自己,也从来不刻意显示自己有多强大的力量。因此,他也不会被强大的力量击倒。大智者虽然看似不强大,却能促成事物的成功或发展,这是因为他的柔性中潜藏着足够的变通。

美国第九任总统威廉·亨利·哈里逊出生在一个小镇上。他小时候是个文静怕羞的孩子,人们都以为他是一个傻瓜,常喜欢捉弄他。他们把一枚5分硬币和一枚1角的硬币放在他的面前,让他任意选择一个,威廉总是要那个5分的,于是大家都嘲笑他。

有一天,一位好心人问他:"难道你不知道1角比5分值钱吗?"

"当然知道",威廉慢条斯理地说,"不过,如果我捡了那个1角的,恐怕他们就再也没有兴趣拿钱给我了。"

大智慧的人把聪明藏在心中,即使别人讥笑他愚蠢,也不显示出来。威廉·亨利·哈里逊在还是一个孩子的时候就能有如此深的城府,可见他真不是一个普通的人。

一般人都会想表现聪明,装糊涂似乎是很难。《菜根谭》说:"**鹰立如睡,虎行似病。**"老鹰站在那里像睡着了,老虎走路时像有病的模样,而一个真正具有才德的人反而不炫耀,不显示才华。

本来有大勇,却装出怯懦的样子,本来很聪明,硬装作很愚拙的样子,以此来保全自己的人格,同时也可以做到不随波逐流。真正的大智大勇者一般并不是大肆张扬的人,他们会表现得普普通通,来掩盖光芒,以便于更进一步完善自己。

英国政治家查士斐尔爵士曾对自己的儿子做过这样的教导:"要比别人聪明,但不要告诉人家你比他更聪明。"**低调做人是一种道德选择,这代表着你的清醒。**

我们衡量一个人有多么成功,从来不看他表面多么聪明、多么勇敢,而要看的是他脚踏实地的能量。而且,以另一个角度考虑,一个人只要投入,就很难有刻意表现自己的时间。刻意表现自己是闲人的专利,因为他们"无事",所以总想表露自我,从而生出些"非"来。而有真正智勇的人却会沉浸于所思考的问题,他们考虑的是如何更上一层楼,而不是如何炫耀自己,所以,他们也一直受到别人的尊重。

真正聪明的人,不仅不会张扬炫耀自己、抖搂自己的机灵,还会以痴傻掩饰自己的才智,从而迷惑别人,顺利实现自己的目的。所以,要谨记一点:在任何时候,最好保持低调,不要炫耀自己的聪明才智,适当地"装点傻"。

韬光养晦隐藏锋芒

在现实生活中确实存在着这样一种自视高能的人,他们锐气旺盛、锋芒毕露,处事则不留余地,待人则咄咄逼人,有十分的才能与聪慧,就十二分地表现出来,结果他们在人生旅途上屡遭挫折。

才能平庸的人很少在工作上干出什么业绩,得不到重用人们可以理解,但是有些才华横溢的人若是不能得到领导的赏识、器重,这就令人费解了。到底是什么阻碍了他们发展的道路?

其实,这个问题并不难弄明白,看看这些有才华的人为人处世的作风就一清二楚了。

有个成语叫作"恃才傲物",一些才能出众的人正是这样表现自己的。这些人自认为自己高人一等,处处要向人显示自己的能力,处处要表现得比别人优越。这种逼人的锋芒必然会刺伤别人,同时自己也不能幸免。

有一位毕业就分配到某矿务局工作的大学生,刚来就对单位这也看不惯,那也看不顺,还没到一个月,他就给单位领导上了洋洋万言的意见书,上至单位领导的工作作风与方法,下至单位职工的福利,一一列举了现存的弊端,提出了周详的改进意见。结果怎么样呢?他被单位掌握实权的领导视为"自大狂"乃至"神经病",不仅没有采纳他的意见,还找理由将他辞退了。两年之内,他换了好几个单位,而且是一个比一个不如意。他牢骚更甚,意见更多,境遇更差。

在现实生活中,吃了"锋芒太露"的亏的人不在少数,其中年轻人居多。他们只想着甩开膀子大干一场,向人展示自己的能力,却在不知不觉中犯了职场中的大忌。

某大学的高才生小王,毕业后被分到一家研究所,从事标准化文献的分类编目工作。进入这个单位,小王一副天之骄子的模样,认为自己是学这个专业的,干这个很在行,肯定比身边的这些同事懂得多。而且更让他受宠若惊的是,领导也摆出一副"请提意见"的虚心姿态。这一下小王的优越感更加强烈了,俨然是单位顶梁柱的派头,没有几天他便提了不少意见,领导点头称是,群众也不反驳。可是,慢慢地,他就感觉不对劲了,单位状况不但没有一点儿改变,自己反倒成了一个处处惹人嫌的主儿。在一年中,领导竟没给自己安排什么具体工作。空怀壮志的小王觉得很是不解,后来,一位同情他的"阿姨"悄悄对他说:"我当初也同你一样,你还是换个单位吧,在这儿你别想出息,你把所有的人都得罪了。"于是,一段时间后,他调走了。走时,领导拍着他的肩头,说:"太可惜了!我真不想让你走,我还准备培养你当我的接班人哪!"

后来,小王成熟了,终于明白当年自己的错误所在——不该锋芒毕露、乱提意见。

职场之上,你可以不聪明,但不可以不小心。要熟悉职场上的一些潜规则:虽然大家暗地里都在相互比着干,但是表面上却都会收敛起锋芒,言谈举止很是低调。因为他们明白,**锋芒毕露的结果是没给自己留一点退路和余地,把自己暴露在弹火纷飞的壕沟外,容易招致明攻和暗算。**有当"老大"的实力,也莫贪"老大"的位置。

当"老大"很风光,但是也很不容易,要想维持"老大"的地位,需要花很多力气。不但辛苦,而且一旦没弄好,不但老大当不成,甚至,想当老二、老三都不可能。

"武林至尊,天下第一"这是很多武侠片里经常演到的主题。为了坐上"至尊""第一"的宝座,众多的武林帮派你争我夺,拼杀不休。而有幸得到的人,也只是享受暂时的荣耀,马上就会成为众矢之的,被人从宝座上拉下来,甚至丢了性命。悲剧就这样循环上演,更换的只是宝座上的至尊的人选。

当局者迷,旁观者清。**在争夺老大位置的时候,难道不知道"出头的椽**

低调
——韬光养晦藏锋芒

有一个很有实力的计算机业老板与一个朋友闲谈，这个朋友说："据我观察，你的实力和影响堪称我们地区计算机业的老大。"这个老板说："确实，无论从经济实力、社会影响还是经营之道来讲，如果要选老大，我当之无愧。但真的选起来，没人会选我，因为在表面上看，我不是最大。"从这位老板的话语中，我们可以感觉到，他是一个低调的人。这位老板说，当"老大"不容易，因为不论研发、行销、人员、设备，都要比别人强，为了怕被别的公司超越，就要不断地扩充、投资；换句话说，要花很多力气来维持"老大"的地位。他说，这样太辛苦了，而且一旦没弄好，不但老大当不成，甚至连想当老二都不可能。

这位计算机老板可谓对社会有独到的认识和独到的体验，因此处世也较理智。但也有一些人总是以老大自居，平日里表现得态度傲慢，飞扬跋扈，爱以物炫人、以钱压人。俗话说："**猪胖了迟早有人杀。**"喜欢卖弄的人到最后，其结果是把自己害了！

不只从事企业经营如此，上班拿薪水也是如此。像主管就是该部门的"老大"。这老大为了保住他的位子，不但要好好带领手下，也要和上级搞好关系，以免遭人排挤。有功时，主管当然功劳第一，但有过时，主管也是首当其冲。但当副主管的就没这么多麻烦了，表面上看来他不及主管风光神气，但因为有主管遮风挡雨，可省下很多辛苦，何况也有当副手时没事，一当主管就出毛病的，所以很多人宁可当副手却不愿当主管。可见当"老大"的难处。

虽然说做"老大"有很多难处，但绝无劝阻别人当"老大"的意思，如果谁有当"老大"的本事，也有当"老大"的兴趣和机会，当仁不让来为不可，也自有其风光所在！但如果你自认能力有限，个性懒散，那么就算有机会，也不要去当"老大"，因为当得好则好，没当好一下子变成老三老四，不但对自己是个打击，在现实社会里，更会造成这样的非议："某某人不行""某某人下台了，听说很惨"……这些非议对你都是不利的。**中国人一向扶旺不扶衰，你一从"老大"的位子摔下来，落井下石的有，打落水狗的有，于是本**

来还可当老二的,却连要当老三老四都有问题了。经营企业也是如此,"龙头老大"的位子一旦不保,就会给人"某某公司倒了"的印象,于是兵败如山倒。想力挽狂澜,恐怕没有那么容易。

因此,做事或经营企业,从老二、老三或老五做起都没关系,最好不要急着当"老大"。

《史记·留侯世家》记载:秦朝末年,张良在博浪沙谋杀秦始皇没有成功,逃到下邳隐居。一天,他在镇东石桥上遇到一位白发苍苍、胡须长长、手持拐杖、身穿灰褐色衣服的老人。老人的鞋子掉到了桥下,叫张良去帮他捡起来。张良觉得很惊讶,心想:你一个老头,让我帮你捡鞋子? 但见老人年老体衰,而自己却年轻力壮,便克制住自己的怒气,到桥下帮他捡回了鞋子。

谁知这位老人不仅不道谢,反而大大咧咧地伸出脚来说:"替我把鞋穿上!"张良心底大怒:"嘿,这糟老头子,我好心帮你把鞋捡回来了,你居然还得寸进尺,要让我帮你把鞋穿上,真是过分!"

张良正想转身走去,但又转念一想,反正鞋子都捡起来了,干脆好人做到底。于是默不作声地替老人穿上了鞋,没想到这并不是一位普通的老人,他把自己用毕生心血注释而成的《太公兵法》送给了张良。

张良得到这本奇书,日夜诵读研究,后来成为满腹韬略、智谋超群的汉代开国名臣。张良克制自己的情绪,为老人拾鞋、穿鞋,看上去好像很窝囊,却表现出对老人的尊重,也表现为对自身品格的完善。张良正是在这种礼让的过程中,磨砺了意志,削平了自己的棱角,也因此增长了智慧,并最终成为"运筹帷幄之中,决胜千里之外"的军事家、政治家。

生活中的每一个小动作都有着无限意义,是羞辱还是尊重的赏赐,不同的人有着不同的感受。

从莫斯科到波良纳约有200公里,有个旅者很喜欢步行走过这段长长的旅途。他总是背着一个大背包,沿途与一些流浪的人结伴而行。

大家对这位旅者很熟悉,但没有一个人知道他的姓名与来历,只知道

他是个喜欢步行的旅者。

这段路程要花5天的时间，旅者的食宿都在路上解决，或随便向农家借宿，或走进火车站，到三等车厢的候车室里歇息。

有一次，他又准备进入候车室里小歇，但这时候候车室里挤满了人，于是他便到月台上走走，想等人少以后再进去休息。

就在这个时候，旅者听见有人招呼他。

原来是车上的一位夫人在叫他："老头儿！老头儿！"

旅者连忙转身，看见有人朝他招手，便上前去询问："夫人，请问有什么事吗？"

坐在火车上的太太着急地说："麻烦您，快到洗手间去，我把手提包遗落在那里了！"

旅者一听，连忙跑到洗手间寻找，手提包还在，于是他连忙把它拿了出来。那位太太一见，非常高兴地说："谢谢您了！这是给您的赏钱。"太太递给了旅者一枚5戈比的铜钱，而旅者也欣然接受。

旅者转身准备离去时，这位太太身边同行的旅伴问道："你知道你把钱给了谁吗？"

太太不解地看着她的伙伴，她的朋友带着惊喜的口吻说："他是《战争与和平》的作者——托尔斯泰啊！"

这位太太一听，吃惊地说："是吗？真的吗？天哪，我在做什么呢？托尔斯泰啊！看在上帝的分儿上，请原谅我的无知，请把那枚铜钱还给我吧！唉，我把它给了您，真是不好意思，哎呀，我的天，我是在做什么呢？"

旅者听见太太的呼喊声，转过身，笑着说："你不必感到不安，您没有做错任何事，这5戈比，是我自己赚来的，所以我一定要收下！"

火车鸣笛了，开始缓缓启动，那位太太仍内疚地请求归还，然而，托尔斯泰却带着微笑，目送着火车远去。一个有才华的人若总是棱角分明就无法深入普通人中间，就无法了解普通人的心声。

列夫·托尔斯泰说："大多数人都想改变这个世界，却极少有人想改造自己。"我们经常想当然地按照自己的愿望去做事、去生活，棱角分明，还自以为光芒四射。其实，在我们刻意显示出才华的时候，我们的才华已经减少了很多,因为我们的显示,才华已经没有了它原来的光芒。

现实生活中,总有一些人喜欢炫耀,把自己的家底悉数掏给别人看。尽管其中不乏有才和有财之人,但是他们一旦和人竞争起来,却往往处于劣势。这是因为别人已经知晓了他们的底细,可以提前做好应付准备,而别人自己却在养精蓄锐,锋芒不露,一旦动起真格,这些人就能像一柄利剑,直刺对手要害。所以,低调的人往往隐藏自己的锋芒,让人探不出深浅。

在竞争的社会中学会削平自己的棱角、隐藏自己的锋芒非常重要,甚至可以说是决定成败的关键。巧妙削平棱角是一种真聪明,可以给各种繁杂的事情涂上润滑油,使其顺利运转。含蓄地隐藏锋芒是一种修养,它可以使生活充满笑声,轻松明快。相反,棱角分明、锋芒毕露,会容易受到别人的攻击。因为你的流光溢彩使周围的人相形见绌,黯然失色,所以,你过分展示自己,就很容易得罪人。

孔子曰:"人不知而不愠,不亦君子乎!"可是人不知我,我心里一定老大不高兴,这是人之常情。尤其是年轻人,总是希望在最短的时间内让别人知道你是个不平凡的人。

要使别人知道自己,当然先要引起大家的注意,要引起大家的注意,只是从言语行动方面努力的话,会很容易在言语或行动中锋芒毕露。

锋芒是激励别人的有效方法,但若仔细看看周围一些有人缘的人,却与你完全相反,他们"和光同尘"毫无棱角,无论言谈,还是举止,个个都深藏不露,好像他们都是庸才。其实他们的才能,颇有出于你之上者;他们个个都很讷言,其实其中颇有能言善辩者,好像他们个个胸无大志,其实他们是有雄才大略不愿久居人下者,但是他们却不肯在言语上露锋芒,在行动上露锋芒,这是什么道理?

因为他们有所顾忌,言语锋芒,便要得罪旁人,得罪旁人便成为你的阻力,成为你的破坏者;行动锋芒,便要惹旁人的妒忌,旁人妒忌成为你的阻力,成为你的破坏者。如果你的四周,都是你的阻力或你的破坏者,在这种形势之下,你的立足点都会被推翻,哪里还能实现你求知于人的目的?

年轻人往往容易激动,树敌太多,与同事不能水乳交融地相处,就是因为言语、行动锋芒过露的缘故。**言语、行动锋芒过露也是遭人妒忌的重要**

原因。

某人在年轻时代曾以拥有"三头"自负，即笔头写得过人，舌头说得过人，拳头打得过人。在学校读书时，已是一员狠将，不怕同学，不怕师长，以为他们都不及他。初入社会，还是这样锋芒毕露，结果得罪了许多人。但是还好，总算觉悟得快，一经好友提醒，便连忙负荆请罪，倒也消除了不少嫌怨，但是无心之过仍然难免，结果终究还是遭了挫折。俗话说：久病亦如医。他在受足了痛苦的教训后，才知道言语行动锋芒就是为自己的前途设下荆棘，有时为了避免再犯无心之过，就故意效法古人之三缄其口，即使不得不开口，也是多方谨慎。尽管"矫枉者必过其正"，但是要掩盖先天的缺点，就不能不如此。

当然你也许会说，采用这样的办法不是永无人知了吗？其实只要一有表现本领的机会，你把握这个机会，做出过人的成绩来，大家自然就会知道。这种表现本领的机会，不怕没有只怕把握不牢，只怕做的成绩不能使人特别满意，你自己有真实的本领，就要留意表现的机会，没有真实的本领，就要赶快准备。

《易经》上说："君子藏器于身，待时而动。"无此器最难，有此器不患无此时，锋芒对于你只有害处，额上生角，必触伤别人，你不磨平你的角，别人必将折你的角，角一旦被折，其伤害更多，而锋芒就是人类额头上的角。

唐太宗李世民重用魏征，以人为镜，开创了贞观年间的太平盛世，被称为善于纳谏的典范。但是魏征的直谏有时也让他很难堪。一次，唐太宗要去郊外狩猎，魏征进言道："眼下时值仲春，万物萌生，禽兽哺幼，不宜狩猎，还请陛下返宫。"唐太宗兴趣正浓，坚持出游。魏征就站在路中央，坚决拦住去路。唐太宗怒气冲冲地返回宫中，见到皇后长孙氏，义愤填膺地说："一定要杀掉魏征这个老顽固，才能泄我心头之恨！"皇后柔声问明了缘由，也不说什么，只悄悄地回到内室穿上礼服，然后庄重地来到唐太宗面前，叩首即拜，口中直称："恭祝陛下！"唐太宗惊奇地问："何事如此庄重？"皇后回答："妾闻主明才有臣直，今魏征言直，由此可见陛下之明，妾故恭祝陛下。"唐太宗转怒为喜，打消了给魏征治罪的念头。

魏征是中国历史上赫赫有名的谏臣,他的一片忠心,自是无可非议,不过他所用的方法实在值得商榷。而皇后长孙氏的劝谏方法则高明得多。她没有直接替魏征求情,而是巧避锋芒换一个角度来看问题,从臣子的刚直与君主的开明之间的密切关系,来说明正直敢言的忠臣的重要性,而且由于是在恭维皇帝,自然令皇帝龙颜大悦。可见,同样是忠言,顺耳的话比逆耳的话更能让人接受。

因此,**当我们向别人提出忠告时,应尽量避免用逆耳的话刺人,而应该尽可能多地把它转化成顺耳之言,因为这样往往可以获得更好的效果。在谈判中如果发生意见分歧,不直接争论,巧避锋芒也是一种解决问题的好方法。**

人都有不甘示弱的精神,但要看具体的情况,需要强势的时候可以不甘示弱,不能针锋相对的时候就要巧避锋芒。

在这个大千世界里,每个人的生活都不像想象的那样完美,难免会有冲突和矛盾。一般的人会在冲突面前暴躁,甚至失去理智;而低调的人则会头脑清醒、心平气和。

平心静气,巧避锋芒,并不是让人听天由命,而是教我们要正视矛盾,认识现实。同时,又对现实持以乐观豁达的态度,面对争执能够进行自控。

平心静气,巧避锋芒经验借鉴:

1. 管住自己的舌头,不要牢骚满腹,怪话连篇。

很多人在有争执的时候,爱犯的一个毛病就是管不住自己的舌头,他们口不择言,怪话连篇,想骂谁就骂谁,岂不知正是这不饶人的舌头,不知会害多少人。口不择言,看似爽快了舌头,实际上是害了自己。

2. 用平静的心情去谈判。

在谈判中如果发生意见分歧,一时难以得到统一时,不必急于要求达成协议,要能够平心静气,运用智慧,巧避锋芒。

谈判中也可以通过运用"装傻"的幽默技巧巧避对方锋芒。在谈判过程中,可以装作没有听到或没有听清楚对方的话,或者装作没弄懂对方的意思,以便巧避锋芒,避免尴尬。

3. 用平静的心情去工作,不要沉溺于哀,沉迷于乐。

积极的人生态度是迈向成功的最美满的跳板。

第二篇 低调藏身的学问

4. 平心静气，与人为善，努力工作。

总之，能够平心静气地面对各种荣辱得失和恩恩怨怨，是一种修养，也是对自己人格与情绪的冶炼，从而使自己的心胸趋向博大；也是一种智慧，使自己的视野变得更为开阔。

心灵悄悄话

> 低调的人能够故意给别人一个表现的机会；明明知道他不如自己，也去向他请教；明明自己懂得很多，但把它埋藏在心底，表面上做出一副什么都不懂的样子。如果能做到这样，再加上别人冒犯了自己也不针锋相对地去计较，就不会对他人构成威慑了，反过来，自己也就可以减少一些他人的攻击和中伤。

从平凡的小事做起

年轻人当有远大志向,才可能成为杰出人物。但要成为杰出人物,光是心高气盛还远远不够,必须从最低级的事情做起。**在你还是默默无闻不被人重视的时候,不妨试着降低一下自己的目标,放松自己的心态,从小事开始做起,这样你才有机会变成耀眼的珍珠。**

大学生就业难,这是一个不争的社会事实。每场招聘会上,都会看到一个个手拿着厚厚简历的大学生穿梭在各招聘单位展台前,如数家珍地向招聘人员展示自己取得的学位、获得的奖励。试图用各式各样的获奖证书证明自己的实力。

可是,这样介绍自己的效果如何呢?有过无数次求职经验的大学生心知肚明。

招聘单位虽然也看重应聘者的一些学历,但是他们更加看重的是你的实际能力,想知道你是否能够胜任他们的工作,给他们带来实实在在的效益。所以,单靠几张证书恐怕没有太大的说服力。

那要怎样展示自己的实力呢?不妨低调一些,收起自己在校的辉煌成绩,实实在在干事,从基层做起。

维斯卡亚公司是20世纪80年代美国最为著名的机械制造公司,其产品销往全世界,并代表着当今重型机械制造业的最高水平。许多人毕业后到该公司求职遭拒绝,原因很简单,该公司的高技术人员爆满,不再需要各种高技术人才。

但是令人垂涎的待遇和足以自豪、炫耀的地位仍然向那些有志的求职者闪烁着诱人的光环。

史蒂芬是哈佛大学机械制造业的高才生。和许多人的命运一样,在该

公司每年一次的用人测试会上被拒绝申请,其实这时的用人测试会已经是徒有虚名了。

史蒂芬并没有死心,他发誓一定要进入维斯卡亚重型机械制造公司。于是,他采取了一个特殊的策略——假装自己一无所长。

他先找到公司人事部,提出为该公司无偿提供劳动力,请求公司分派给他任何工作,他都不计任何报酬来完成。公司起初觉得这简直不可思议,但考虑到不用任何花费,也用不着操心,于是便分派他去打扫车间里的废铁屑。

一年来,史蒂芬勤勤恳恳地重复着这种简单但是劳累的工作。为了糊口,下班后他还要去酒吧打工。

这样,虽然得到老板及工人们的好感,但是仍然没有一个人提到录用他的问题。

90年代初,公司的许多订单纷纷被退回,理由均是产品质量问题,为此公司蒙受了巨大的损失。公司董事会为了挽救颓势,紧急召开会议商议对策。当会议进行一大半却未见眉目时,史蒂芬闯入会议室,提出要直接见总经理。

在会上,史蒂芬把对这一问题出现的原因作了令人信服的解释,并且就工程技术上的问题提出了自己的看法,随后拿出自己对产品的改造设计图。这个设计非常先进,恰到好处地保留了原来机械的优点,同时消除了已出现的弊端。

总经理及董事会的董事见到这个编外清洁工如此精明在行,便询问他的背景以及现状。史蒂芬当即被聘为公司负责生产技术问题的副总经理。

原来,史蒂芬在做清扫工时,利用清扫工到处走动的特点,细心察看了整个公司各部门的生产情况,并一一做了详细记录,发现了所存在的技术性问题并想出解决的办法。

为此,他花了近一年的时间搞设计,获得了大量的统计数据,为最后一展雄姿奠定了基础。

与史蒂芬的经历颇为相似的还有一位留美博士。

这位留美的计算机博士，毕业后在美国找工作，奔波多日，四处碰壁，一无所获。万般无奈，他来到一家职业介绍所，没出示任何学位证件，以最低的身份做了登记。

不久，他被一家公司录用为程序输入员。这对他来说简直是"高射炮打蚊子——大材小用"，但是他很珍惜这份工作，因而干得很投入、很认真。不久，老板发现这个小伙子能察觉出程序中不易察觉的问题，其能力非一般程序输入员可比。

此时，他亮出了学士证书，老板给他换了相应的职位。过了一段时间，老板又发觉这位小伙子能提出许多有独特见解的建议，其本领远比一般大学生高明。此时，他亮出了硕士证书，老板立刻提拔了他。

又过去了半年，老板发觉他能解决实际工作中遇到的所有技术难题。于是特意邀他晚上去家中喝酒。

一直到酒席桌上，在老板再三盘问下，他才承认自己是计算机博士，因为工作难找，就把博士学位瞒了下来。

第二天一上班，他还没来得及出示博士证书，老板已宣布他就任公司副总裁。

北京外交学院副院长任小萍女士说，在她的职业生涯中，每一步都是组织上安排的，自己没有什么自主权。但在每一个平凡岗位上，她也有自己的选择，那就是要比别人做得更好。

1968 年，任小萍是北京外语学院的一名工农兵学员，当时她年纪最大，成绩最差，第一堂课就因为回答不出问题而站了一堂课。第二天，教室里挂出一条横幅："不让一个阶级兄弟掉队"，她就是这个"阶级兄弟"。但到毕业的时候，她已成为全年级成绩最好的学生之一。

大学毕业后她被分到英国大使馆做一个普普通通的接线员，很多人都认为这是一个很没出息的工作，任小萍对这个普通工作却很认真。她把使馆所有人的名字、电话、工作范围甚至连他们家属名字都背得滚瓜烂熟。有些电话进来，有事不知道该找谁。她就会尽量帮他准确地找到人。慢慢地，使馆人员有事要外出，就不再告诉他们的翻译，而是给她打电话，告诉

她会有谁来电话,请转告什么,有很多公事、私事也委托她通知,任小萍成了一个全面负责的留言点和一个主管式的秘书。

有一天,大使竟然跑到电话间,笑眯眯地表扬她,这是极少有的事。结果没多久,她就因工作出色而破格调去给英国某大报记者处做翻译。

该报的首席记者是个名气很大的老太太,得过战地勋章,授过勋爵,脾气也很大,把前任翻译给赶跑了。这位老太太刚开始也不要任小萍,看不上她的资历,后来才勉强同意试一试。一年后,老太太经常对别人说:"她的翻译比我的好上十倍。"不久,工作出色的任小萍就被破格调到美国驻华联络处,她干得又同样出色,获得外交部嘉奖。

合抱之木,生于毫末;九层之台,起于累土;千里之行,始于足下。做大事前,一定先要安心于做小事,把小事做好了,才有机会做大事。

美国石油大王洛克菲勒,年轻时曾在美国某个石油公司工作。那时,他所做的只是巡视并确认石油罐盖有没有自动焊接好。

他每天面对这项枯燥的简单工作,非常厌烦,想换个工作。但他学历不高,又没有一技之长,所以根本找不到工作。他也只好继续耐心工作。有一次,他发现石油罐盖每旋转一次,焊接剂就滴落39滴,他突然想到,如果能将焊接剂减少一两滴,不就节约成本了吗?

从那以后,洛克菲勒潜心钻研,研制出了"37滴型"焊接机。但利用这种焊接机焊接出来的石油罐,偶尔会漏油,并不实用。他又继续研制,并最终研制出了"38滴型"焊接机,焊接出来的石油罐不再漏油,且外形非常完美。公司对他的发明十分重视,并生产出了这种机器。尽管每次只节省了一滴焊接剂,但却给公司带来了每年5亿美元的利润!

不具备成才素质的人,即使拥有了不平凡的条件,也不会有什么不平凡的结果,而在一个有心人的眼里,即使是再普通的工作,也能做出令人惊喜的成绩。

我们不能重大略小,这样最容易一事无成。真正的成事之道是:不急于做大事,而重在做小事。所谓从大处着眼,小处着手就是:看问题要识整体,做事情要具体。也就是说,做事情绝不能只有大的想法而无小的手法。

所以,我们应该改变心浮气躁、浅尝辄止、眼高手低的毛病,要注重平凡的事,用一颗平平常常的心,把小事做好。在这个世界上,最容易完成的事情是简单的事情,最难的事是成百成千次地重复一件简单的事情,而成功就恰恰在于此。很多的成功就在于简单事情的千万次重复。

心灵悄悄话

是金子就一定有闪光的时候。不要眼高手低,认为基层的工作、琐碎的小事锻炼不出自己的能力,是大材小用。有这种想法就错了,如果你真的有才华,小事情就一定能干得很出色。而且你的表现上司也会看在眼里,他会按照你的表现分派工作,一步步给你委以重任。

难得糊涂

　　齐国相国田婴门下,有个食客叫齐貌辨。他不拘细节,我行我素,常常犯些小毛病,搞得人家很不愉快。门客中有个士尉劝田婴不要与这样的人打交道,田婴不听,那士尉便辞别田婴另投他处了。为这事门客们都愤愤不平,田婴却不以为然。田婴的儿子孟尝君便私下里劝父亲说:"齐貌辨实在讨厌,你不赶他走,倒让士尉走了,大家对此都议论纷纷。"田婴一听,大发雷霆,吼道:"我真想宰了你们!我看我们家里没有谁比得上齐貌辨。"这一吼,吓得孟尝君和门客们再也不敢吱声了。

　　齐貌辨到底有什么能耐呢?大家不知道。而田婴对他却更客气了,住处吃用都是上等的,并以长子侍奉他,给他以特别的款待。过了一段时间,齐威王去世了,齐宣王继位。宣王喜欢事必躬亲,觉得田婴管得太多,权势太重,怕他对自己的王位有威胁,因而不喜欢他。田婴被迫离开国都,回到了自己的封地薛(今山东省滕州市南)。其他的门客见田婴没有了权势,都离开他,各自寻找自己的新主人去了,只有齐貌辨跟他一起回到了薛地。

　　回来后没过多久,齐貌辨便要到国都去拜见宣王。田婴劝阻他说:"现在宣王很不喜欢我,你这一去,不是去找死吗?"齐貌辨说:"我本来就没想要活着回来,您就让我去吧!"田婴无可奈何,只好由他去了。

　　宣王听说齐貌辨要见他,他正憋了一肚子怒气等着他呢。一见齐貌辨就说:"你不就是田婴很信任、很喜欢的齐貌辨吗?""我是齐貌辨。"齐貌辨回答说,"靖郭君(田婴)喜欢我,这个倒是真的,说他信从我的话,可没这回事。当大王您还是太子的时候,我曾劝过靖郭君,说:'太子的长相不好,脸颊那么长,眼睛又没有神采,不是什么尊贵儒雅的面目。像这种面相的人是不讲情义、不讲道理的,不如废掉太子,另外立卫姬的儿子郊师为太子。'可靖郭君听了,哭哭啼啼地说:'这不行,我不忍心这么做。'如果他当时听了我的话，就不会像今天这样被赶出国都了。还有，靖郭君回到薛地以后，楚国的相国昭阳要求用大几倍的地盘来换薛这块地方。我劝靖郭君答应，而他却说：'我接受了先王的封地，虽然现在大王对我不好，可我这样做对不起先王呀！更何况，先王的宗庙就在薛地，我怎能为了多得些地方而把先王的宗庙给楚国呢？'他终于不肯听从我的劝告而拒绝了昭阳，至今守着那一小块地方。就凭这些，大王您看靖郭君是不是信从我呢？"

宣王听了这番话，很受感动，叹了口气说："靖郭君待我如此忠诚，我年轻，丝毫不了解这些情况。你愿意替我去把他请来吗？"齐貌辨当然答应了。他回到薛地，要田婴穿上齐威王赐给他的衣服，戴上齐威王赐给他的帽子，佩上齐威王赐给他的宝剑，来到国都。宣王闻讯后，亲自到都城外迎接田婴，见田婴这身装束，竟忍不住哭起来了，马上重新任命田婴为相国。

田婴能够东山再起，齐貌辨可真是功不可没。看来田婴真是识人有方，虽然齐貌辨在生活小节上毛病不断，也引起了公愤，但是他认准了这个人有非凡的才能，日后必有大用，所以在在小事上装糊涂。这一装，就装来了自己的前程。

明里小事糊涂，暗里大事精明。这也是低调的人一贯采用的方法，是一种高明的处世策略。

心灵悄悄话

人们常说这样一句话："大智若愚，大巧若拙。"不是这些精明的人一时糊涂，而是他心中有着更明白的打算，之所以无视这些小事情，是因为它们无关痛痒，不需要认真对待，而糊涂对待之反而有益于大事的完成。

做乌龟还是做刺猬？

拥有才华，想要尽情展示，这种心理很正常，但是如果认不清形势，不知道何时应该张扬，何时必须收敛，就很难立足社会。所以，人在社会，最重要的是要记住：时刻提醒自己把位置摆正，才能做到自我保护。

人，尽管有理性，能够在清醒的时候分清是非好坏，但是，作为有情感的人，却常常容易一叶障目，为一时的冲动和得意而忘乎所以。即使是在理性的指导下，也往往会由于一时激动，忘了保持低调的姿态，在一些事情上陷于难以自拔的地步，而给自身带来灾难性的后果。

三国时期，杨修在曹操手下任主簿。起初，曹操很重用他，杨修却不安分起来，起先还是耍耍小聪明，如有一次有人送给曹操一盒奶酥，曹操吃了一些，就又盖好，并在盖上写了一个"合"字，大家都弄不懂这是什么意思，杨修见了，就拿起勺子和大家分吃，并说："这'合'字是叫人各吃一口啊，有什么可怀疑的！"

还有一次，建造相府，才造好大门的构架，曹操亲来察看了一下，没说话，只在门上写了一个"活"字就走了。杨修一见，就令工人把门造窄。别人问为什么，他说门中加个"活"字不是"阔"吗，丞相是嫌门太大了。

总之，杨修其人，有个毛病就是不看场合，不分析别人的好恶，只管卖弄自己的小聪明。当然，光是这些也还不会出什么大问题，谁想他后来竟渐渐地搅和到曹操的家事里去了。

在封建时代，统治者为自己选择接班人是一个极为严肃的问题，而那些有希望接班者，也不管是兄弟还是叔侄，简直都红了眼，所以这种斗争往往是最凶残、最激烈的。但是，杨修却偏偏要不识时务地挤到这场危险的

赌博里去,而且还忘不了时时卖弄自己的小聪明。

曹操的长子曹丕、三子曹植,都是曹操选择继承人的对象。曹植能诗赋,善应对,很得曹操欢心。曹操想立他为太子。曹丕知道后,就秘密地请歌长(官名)吴质到府中来商议对策,但害怕曹操知道,就把吴质藏在大竹片箱内抬进府来,对外只说抬的是绸缎布匹。这事被杨修察觉,他不假思考,就直接去向曹操报告,于是曹操派人到曹丕府前盘查。曹丕闻知后十分惊慌,赶紧派人报告吴质,并请他快想办法。吴质听后很冷静,让来人转告曹丕说:"没关系,明天你只要用大竹片箱装上绸缎布匹抬进府里去就行了。"结果可想而知,曹操因此怀疑是杨修帮助曹植来陷害曹丕,十分气愤,就更讨厌杨修了。

还有,曹操经常要试探曹丕、曹植的才干,每每拿军国大事来征询他们的意见,杨修就替曹植写了十多条答案,曹操一有问题,曹植就根据条文来回答,因为杨修是相府主簿,深知军国内情,曹植按他写的回答当然事事中的,曹操心中难免又产生怀疑。后来,曹丕买通曹植的随从,把杨修写的答案呈送给曹操,曹操气得两眼冒火。

又有一次,曹操让曹丕、曹植出邺城的城门,却又暗地里告诉门官不要放他们出去。曹丕第一个碰了钉子,只好乖乖回去,曹植闻知后,又向他的智囊杨修问计,杨修干脆告诉他:"你是奉魏王之命出城的,谁敢拦阻,杀掉就行了。"曹植领计而去,果然杀了门官,走出城去曹操知道以后,先是惊奇,后来得知事情真相,愈加气恼,于是开始找岔子要除掉这个不知趣的家伙。

最后机会果然来了,建安二十四年,刘备进军定军山,他的大将黄忠杀死了曹操的爱将夏侯渊,曹操亲自率军到汉中来和刘备决战,但战事不利,前进则害怕刘备,若撤退又怕被人耻笑。一天晚上,护军来请示夜间的口令,曹操正在喝鸡汤,就顺便说了"鸡肋",杨修听到以后,便又要起自己的小聪明来,居然不等上级命令,只管教随从军士收拾行装,准备撤退。曹操知道以后,他竟说:"魏王传下的口令是'鸡肋',可鸡肋这玩意儿,食之无味,弃之可惜,正和我们现在的处境一样,进不能胜,退恐人笑,久驻无益,不如早归,所以才先准备起来,免得临时慌乱。"曹操一听,大怒,于是喝令

斧手,推出斩首,并把首级悬挂在辕门之外,以为不听军令者戒。

杨修的聪明确实无人能及,杨修的不识时务让人倍感可惜。**聪明人本来就很容易招人嫉妒,何况他还要站错位置,自惹麻烦,引来杀身之祸也是必然的事情。**

杨修可以说是保持低调的一个典型的反面教材。他的教训是很多爱唱高调、爱在人前显示才能的人最应该吸取的。

在动物世界里,各种动物都有其求生的本能。动物求生包括两个方面的内容,一种是带有攻击色彩的觅食行为,另一种是保护自己不受伤害的自我保护行为。**数不清的动物,求生的本能大同小异,也各有其生存的空间。**其中有两种动物,它们的习性对人类具有很大的启发。

乌龟是人们非常熟悉的一种动物。它动作慢不说,遭遇外力干扰时,便把头脚缩进壳里。它不会反击,可是你也拿它没办法。一直到外力消失,它认为安全了,才把头脚伸出来。这是乌龟的自我保护方式。刺猬则不同,一有外力靠近,它就竖起全身的刺,让外力知难而退。在自卫行为上,乌龟采取的方式和刺猬完全不同,乌龟不会伤人,但刺猬会伤人。

在社会生活中,人也有遭受外来侵害,需要进行自我保卫的场合,但不同的自卫方式会产生不同的人际效应。这是因为人的世界比动物世界更复杂,而人活着也不只为了生物性的存在。

以人性的观点来看,乌龟式的自卫似乎好于刺猬式的自卫。

乌龟把头脚缩进壳里,对外力的反应可说是有些"迟钝",但因为有硬壳的保护,想吃它也不是件容易的事,因此乌龟对外力的侵袭采取的是"逆来顺受"的方式,直到对方倦了、腻了为止。但刺猬却是一有风吹草动就竖起尖刺,让其他动物不敢接近。

人如果采取乌龟式的自卫方式,带一些迟钝,就可以减少很多误会与麻烦。因为迟钝可以化解对方的挑衅;"逆来顺受"太极拳式的柔性响应,也可使对方的动作软化、力量散化,让对手"无功而退"。另外,由于你知道自己在做什么,所以你对所处环境有所认知的"心"就有如乌龟的硬壳,使你不致受到伤害。至于刺猬式的自卫,高警觉的反应固然可以立即使身心进入"备战"状态,也可以击退若干不怀善意者,但若击不退对方,势必引起一场厮杀,你会胜利,但也会遍体鳞伤,更有可能被歼灭。为自身权益而战,是人人肯定的"圣战",但这种动不动就竖起全身尖刺的动作却也会使一般人不敢靠近你,因为他们不知道你是否会对他们的友善动作做出错误的判断,他们怕被你的紧张、过度保护自己而刺伤!

在社会生活中,具有乌龟式人际性格的人,朋友较多,也不容易有人际关系问题,即使对他有敌意的人最后都成了他的朋友;而有刺猬式人际性格的人则相反,朋友越来越少,因为人人都怕惹他!

所以,做乌龟好过做刺猬!

要知道,软弱和退缩也是一种无形的力量,这力量大无边际,能胜过任何硬性的进攻。只懂进攻而不懂退缩,只会强硬而不会软弱的人绝不是真正的智者,倘若胜出,也只能是一位遍体鳞伤的胜利者。

心灵悄悄话

拥有才华,想要尽情展示,这种心理很正常,但是如果认不清形势,不知道何时应该张扬,何时必须收敛,就很难立足社会。所以,人在社会,最重要的是要记住:时刻提醒自己把位置摆正,才能做到自我保护。

总抬头就看不到脚下石头

即便你声名远播,即便你功勋卓著,即便你业绩骄人,即便你如日中天,你也不必目中无人,不可一世。头昂得太高很容易碰得头破血流,所以还是把头低下来吧!

低头前行,初看起来好像比较消极。其实,它并不是委曲求全,窝窝囊囊做人,而是通过少惹是非、少生麻烦的方式,更好地展现自己的才华,发挥自己的特长。而**如果你把头昂得高高的,自我感觉虽然会不错,但以这样的姿态你一定走不了太远的路。**

道格拉斯·麦克阿瑟是美国著名的五星上将之一。1880 年 1 月 26 日,他出生在阿肯色州小石城的一个军营里,父亲阿瑟·麦克阿瑟当时是正规部队的一名上尉,母亲玛丽是富商之女,受过良好的教育。

麦克阿瑟的一生充满了传奇色彩:19 岁入西点军校,23 岁以总分第一名的成绩走出军校大门;50 岁的时候,是美国陆军历史上最年轻的参谋长。

在第二次世界大战期间,任西南太平洋战区盟国武装部队总司令;"二战"结束后,任美国远东部队司令官;美国侵朝战争时期,任"联合国军"总司令。1951 年 4 月 11 日,麦克阿瑟五十二年的军旅生涯在鼎盛期戛然而止。

这一天,美国总统杜鲁门发表声明:"我深表遗憾地宣布,陆军五星上将道格拉斯·麦克阿瑟,已不能在涉及他所担任职责的问题上全心全意地支持美国政府和联合国的政策。

"根据美国宪法赋予我的特殊责任和联合国赋予我的责任,我决定变更远东的指挥。因此,我解除了麦克阿瑟将军的指挥权,并任命马修·李奇微将为他的继任者……"

杜鲁门总统做出的这一决定源于麦克阿瑟的长期桀骜不驯,且对任何关于国家甚至国际间的大事都敢指手画脚。

朝鲜战争爆发后,麦克阿瑟与决策层最初出现龃龉并非因朝鲜问题,而是由美国的对台政策引起的。

美国政府认为,蒋介石政府已经丧失了民众的支持,美国对蒋的援助,不仅会疏远中国大陆,还会在亚洲各国激起强烈的反美、反西方的情绪。在白宫看来,若派遣国民党军队参加朝鲜作战,其所需费用"还不如用来支持我们自己的军队更合算些"。因此,美国政府决定,与台湾的关系不能太密切。

但是,政府的决定却遭到以麦克阿瑟为首的美国军界的反对。麦克阿瑟要求政府的政策能"更坚决地"支持中国国民党,"更积极地"反对中国共产党。

1950 年 7 月 21 日,麦克阿瑟访问台湾。返回东京后,他自作主张发表声明称,如果台湾受到中共的攻击,美国与台湾的"有效合作"马上就能完成部署。

8 月 1 日,蒋介石发表公报,称他和麦的会谈,已经奠定了共同保卫台湾和"中美军事合作"的基础。

这两个声明、公报引起了华盛顿的不安,杜鲁门总统 8 月 4 日在以国防部长约翰逊名义发出的信件中,用严厉的措辞对麦克阿瑟提出了警告,提醒他:"国家利益至关重要,我们不能做出任何可能导致全面战争爆发的行动,或是给别人提供发动全面战争的口实。"

但是,麦克阿瑟对这一警告置若罔闻。

8 月 28 日,他在发给"海外战争退伍军人协会野营活动"的贺电中,驳斥了美国保卫台湾会失去亚洲人的支持的说法,他轻蔑地说,讲这种话的人,并不了解东方。

杜鲁门获悉该电文后,非常恼怒,曾认真考虑过解除麦克阿瑟远东战区司令官的职务。但最终,他"经过认真斟酌,决定打消这个主意"。

然而,麦克阿瑟在朝鲜战场上一败涂地,又狂热地鼓吹扩大战争;他自以为是,无视参谋长联席会议和总统的权威,在世界舆论面前,屡屡陷美国

政府于被动。这使得原本就反感麦克阿瑟的杜鲁门总统忍无可忍,最终采取了解除麦克阿瑟职务的行动。

一个声威显赫的传奇将军,就这样黯然地被解除了职务,留给人们的感慨和思索实在太多了!

心灵悄悄话

即便你声名远播,即便你功勋卓著,即便你业绩骄人,即便你如日中天,你也不必目中无人,不可一世,头昂得太高很容易碰得头破血流,所以还是把头低下来吧!

张扬个性，张弛有度

面对自己的成功从容一些，不要被掌声和鲜花冲昏了头脑，一次小小的成功只能算是"昙花一现"，如果因掌声迷失了自我，那留下的只会是"一现"，不可能有第二次。

我们常常用"昙花一现"来形容某人突然成功，又很快沉寂下去。不知大家有没有思考过，为什么有的人只能"一现"，没有"二现""三现"，以至于永不凋谢呢？让我们从下面这则故事中寻找答案吧！

北宋时候，江西金溪县有个叫方仲永的小孩，他家世世代代都是农民，家境十分贫寒。父母没有钱供方仲永上学，方仲永长到5岁，还没有接触过笔墨纸砚这些文具。

父亲从近旁的邻居家借来书，让他自学。方仲永非常聪明，没有多久，他不但读懂了书本，而且能写出四句诗来。内容是孝养父母，团结同族。父亲十分高兴，便拿给村中的老秀才看，老秀才看后，连连称好，说这小子了不得。

这些诗很快在本乡的秀才中流传开来，他们看后，也都很惊讶，很难相信是出自一个自学的小孩手中。

之后，便有很多读书人喜欢出题考方仲永，但是只要有人给他出题，让他作诗，方仲永很快就能做出来，众人读了，都觉得他写的诗道理通顺，文采斐然。这么一传十，十传百，方仲永不但在乡里出了名，就是在整个县里也轰动了，临近各县也纷纷传说金溪出了个"神童"。

方仲永一出名，县里的人渐渐把方仲永父子当作宾客接待，许多有名望的学者和绅士纷纷邀请方仲永到他们家里去做客，还有许多人拿着余钱和礼物专门请方仲永写诗作文，然后悬挂在自己客厅显眼的地方。

这样一来,方仲永的父亲认为有利可图,十分高兴,便天天领着儿子四处向别人求讨财物,而不让儿子继续学习上进。小小年纪的方仲永,自然抵挡不住外面的诱惑,经常和他父亲出入于豪门阔宅中。长时间没有学习,学问没有长进,他的天才也渐渐泯灭,后来和普通人没有什么区别了。

太过张扬使得这颗文学界的童星过早地陨落了,实在令人可惜。如果当初方仲永的父亲和他能够低调一些,谢绝一些张扬虚名、赚取小利的邀请,潜下心来,苦心深造,很有可能就会成为青史留名的大诗人,而不是"昙花一现"的笑柄。

一次的成功只能代表过去,丝毫不能把它作为自己炫耀的资本。成功面前,更应该保持低调,否则还有可能被他人利用,断送了自己的成功前程。

演员库兹金娜取得一鸣惊人的成功,观众们集体起立,掌声不断。崇拜者们把鲜花朝台上扔去,喊叫着:"库兹金娜!库——兹金娜!"

一个机灵非凡的崇拜者想穿过乐队挤上台去,让观众拦住了。于是他向门上写着"闲人莫入"的房间冲去,一下就不见了。

库兹金娜正坐在演员化妆室里,心想:"啊!我终于成功了……"这时,有人敲门。

是那位机灵的崇拜者。他的动作是那么麻利,库兹金娜连他的脸都没有看清。他便扑通一声跪在她面前,嘟哝着说:"我太崇拜你了!"他捡起扔在地上的一只皮靴就一个劲儿地吻起来。

"对不起!"库兹金娜说,"那不是我的皮靴,那是滑稽老太婆……这才是我的。"

崇拜者又疯狂地抓起库兹金娜的皮靴。

"还有一只……"

"天哪!"库兹金娜暗自想:"他是多么爱我啊!"她于是把另一只皮靴也递给他,怯生生地说:"在这儿……那儿是我的束腰带……"

崇拜者抓起皮靴和束腰带,非常庄重地把它们贴在自己的胸前。库兹金娜坐在扶手椅上,她想:"天哪!天才的力量是多么惊人呀!它使人抑制不住自己的感情……我成功了！是多么成功啊！崇拜者们闯到后台来，吻我的靴子……多么幸福，多么光荣！"

"库兹金娜！"导演喊了起来，"上场！"

库兹金娜猛地醒了过来，崇拜者和皮靴却都不翼而飞了。后来才查清楚：除了皮靴和束腰带以外，化妆室还丢失了一盒化妆品、假发，连滑稽老太婆的一只皮靴也不见了。

库兹金娜被成功冲昏了头脑，结果也让自己的演艺事业画上了句号。

成功不仅需要掌声、鲜花来证明，还必须有正确的心态和对自己冷静的认识，这样你的成功才能经得起岁月的打磨。

谁都认为个性很重要，特别是年轻人，他们最喜欢谈的就是张扬个性。他们最喜欢引用的格言是：走自己的路，让别人去说吧！

时下的种种媒体，包括图书、杂志、电视等，都在宣扬个性的重要性。

我们可以看到，许多名人都有非常突出的个性，不管他是一个科学家，还是一个艺术家或者军事家。爱因斯坦在日常生活中非常不拘小节，巴顿将军性格极其粗暴，画家凡高是一个缺少理性、充满了艺术妄想的人。

名人因为有突出的成就，所以他们的许多怪异的行为往往被社会广为宣传，以致有些人甚至产生这样的错觉：怪异的行为正是名人和天才人物的标志，是其成功的秘诀。对此我们只要分析一下就会发现，这种想法是十分荒谬的。

名人确实有突出的个性，但他们的这种个性往往表现在创造性的才华和能力之中，也就是体现在艺术风格上，而不是体现在他们高人一等的傲气上。

"如果说我比别人看得更远一点，那是因为我站在了巨人肩上的缘故。"这是大科学家牛顿说的话。其他名人的心态又何尝不是如此呢？正是他们的成就和才华，使他们的特殊个性得到了社会的肯定。如果换了一个没有多少本领的常人，他们的那些特殊行为可能只会得到别人的嘲笑。

年轻人为什么那么喜欢谈个性，那么喜欢张扬个性呢？我们先来探讨一下年轻人所张扬的个性的具体内容是什么。

年轻人张扬的个性相当一部分来自于他们年轻气盛的自我表现欲，是

一种希望别人崇拜自己的行为。年轻人有许多情绪,他们希望畅快地发泄自己的情绪。他们不希望把自己的行为束缚在复杂的条条框框中。所以,年轻人喜欢张扬的个性与那些"天才"或伟大人物所表现的个性张扬是不同的两种做人姿态。

张扬个性肯定要比压抑个性舒服。但是如果张扬个性仅仅是一种任性,一种意气用事,甚至是对自己的缺陷和陋习的一种放纵的话,那么,这样的张扬个性对你的前途肯定是没有好处的。

年轻人非常喜欢引用但丁的一句名言:"走自己的路,让别人去说吧!"

但作为一个社会中人,我们真的能这么"洒脱"吗?比如,你走在公路上,如果仅仅走自己的路而不注意交通规则,警察就会来干涉你,会罚你的款。如果你走路不注意安全,横冲直撞,还有可能出车祸。所以,"走自己的路,让别人去说吧",这种态度在现实生活中是不大行得通的。

社会是一个由无数个体组成的人群,我们每个人的生存空间并不很大。所以当你想伸展四肢舒服一下的时候,必须注意不要碰到别人。当我们张扬个性的时候,必须考虑到我们张扬的是什么,必须注意到别人的接受程度。如果你张扬的这种个性是对别人人性的压抑和欺负,那么你最好的选择是把它改掉,而不是去张扬它。

我们必须注意:**不要使张扬个性成为我们纵容自己虚荣心的借口。**社会需要我们创造价值,社会首先关注的是我们的工作品质是否有利于创造价值。个性也不例外,只有当你的个性有利于创造价值,是一种生产型的个性时,你的个性才能被社会所接受。

巴顿将军性格粗暴,他之所以能被周围的人接受,原因是他是一个优秀的将军,他能打仗,否则他也会因为性格的粗暴而遭到社会的排斥。

所以我们应该明白:社会需要的是被公众所接受的个性,只有你的个性能融合到创造性的才华和能力之中,这种个性才能够被社会接受。如果你的个性没有表现出一种相容性,仅仅表现为一种脾气,它往往只能给你带来不好的结果。

要想成就一番事业,你应该把个性表现在创造性的才能中,尽可能与周围的人协调一些,这是一种成熟、明智的选择。也只有这样,你才有张扬自己个性的必要。

一次，儿童文学家盖达尔带着5岁的小女儿珍妮，给夏令营的小朋友讲故事。盖达尔要为小朋友们讲的是小朋友们期待听的童话故事《一块石头》。

大礼堂里，孩子们正聚精会神地听盖达尔讲故事，除了盖达尔的声音，整个礼堂静得连针掉在地上都可以听到。

这时，小珍妮却旁若无人地在礼堂里走来走去，偶尔还故意使劲跺跺脚，发出惹人烦的声响，跺完脚后还露出得意的神情，她的举动仿佛在告诉小朋友："你们看，我是盖达尔的女儿！你们一个个都在听我爸爸讲故事，这些故事我每天都能听到！"

盖达尔看到女儿的行为，停止了讲故事，他突然提高嗓音，严肃大声地说："那个猖狂的小家伙是谁？请你们把那个不守秩序的小家伙撵出去！她妨碍了大家安静地听故事。"

小珍妮一下子愣住了，她没有想到自己亲爱的爸爸竟然这样说她，她连哭带喊赖着不走，想让爸爸心软，但盖达尔不为所动，坚决要求工作人员把珍妮拉出会场。

之后，盖达尔又继续给孩子们讲故事，故事讲完时，孩子们对盖达尔报以热烈的掌声。盖达尔给孩子们讲的不仅是一个有趣的故事，还通过对小珍妮的惩罚，给孩子们上了生动的一课：无论是谁，都不应以优越骄纵，过于张扬。

人生处在顺境和得意时，最容易张扬。张扬是许多没有远见的人的共性，他们本来就没有大志向也没有大目标，只是在一种虚荣心的驱使下向前奔跑，目的只是想博得众人的喝彩。所以众人的掌声一响便认为达到了人生目标，便想躺在掌声中生活，他们认为自己可以不必再奔跑，可以昂头挺胸地在人群中炫耀了。

太张扬的人，没有自己的追求和目标，有了一点点的得意便以为人生的荣耀不过如此。这些人中也有许多有才华的人、有实力的人和有发展前途的人，如果这些人能够踏踏实实地做人，可能会成就一番事业，可他们却往往因为目光短浅而在张扬中遭受挫折。

张扬也可以说是一种误解，一种把暂时的得意看成永久得意的误解，一种把暂时的失意当成永久失意的误解。低调的人明白，这个世上永远没有永恒的事物，一切都是暂时的、相对的，所以也就没有什么值得张扬的事情。

心灵悄悄话

　　社会需要的是被公众所接受的个性，只有你的个性能融合到创造性的才华和能力之中，这种个性才能够被社会接受。如果你的个性没有表现出一种相容性，仅仅表现为一种脾气，它往往只能给你带来不好的结果。

自觉无知胜有知

生活中常有这样一些人，到处充当"无所不知"先生。每当人们谈起一个有兴趣的问题时，他就不知从什么地方钻出来，信口接过话头说："这个嘛，我知道……"捕风捉影地胡吹一通，虽然驴唇不对马嘴也毫不脸红。

这样做往往弄巧成拙。你由于不愿意被轻视而经常隐瞒自己不知道的事情，强不知以为知，在人面前冒充有学问的人。但你没想过还是谦虚的人多，人家虽然没有像你一样夸夸其谈，但并不说明人家不懂。而你却在班门弄斧，关公门前耍大刀，最后必然会在人前丢丑。

一些真正学识渊博的人，却恰恰与之相反，他们做人低调，从来不会在人前夸夸其谈，而是本着老老实实的态度，在与人讨论问题的时候，"知之为知之，不知为不知"，勇于承认自己有不懂的知识，坦率地向内行人请教。

一位研究生曾回忆说，他曾遇到过这样一件事：由于学位论文在正式答辩前要送交专家审阅，他便把他写的有关宇宙观的哲学论文送交给一位白发斑斑的物理系教授，请他多多指教。但他没有想到的是，这位老前辈第一次约见他的时候就诚恳地对他说："实在对不起，你论文中所写到的物理学理论我还不太懂，请你把论文留在我这里，让我先学习一下有关的知识后再给你提意见，好吗？"

他当时简直不敢相信自己的耳朵，不是因为相信老教授真的不懂，而是因为一位物理系的权威大家，敢于当着一位还没有毕业的研究生的面承认自己在物理学领域还有不懂的东西！

老教授大概看出了他内心的疑惑，爽朗地笑了起来："怎么，奇怪吗？一点都不奇怪！物理学现在的发展日新月异，新知识层出不穷，好多东西我都不了解，而我过去学过的东西现在有很多已经陈旧了，我当务之急是

重新学习。"

老教授的这番话使这位研究生佩服得五体投地：这才是真正的学者风度！回想起自己经常碍于面子，在同学面前，不知道的事情也硬着头皮的一知半解的去发挥，真是十分惭愧！

在他做论文答辩时，有一位外校的教授向他提出了一个他不懂的问题，他虽然觉得心跳加速，脸直发烧，但一看到坐在前面的那位物理系教授，顿时勇敢地说"我不知道"。他原以为在场的人会发出讥笑，但结果并没有发生这种不利的反应。他还见那位教授满意地点了点头。答辩会一结束，老教授就把他叫到一边，详细告诉了他那个问题的来龙去脉，使他大受感动。

白发斑斑的老教授敢于向青年人承认自己"不懂"，使研究生对他更加尊敬；研究生深受教育，在答辩时面对难题，也承认了自己知识的不足，同样受到他人的赞赏。

为人低调，敢于承认"不知道"，不仅在人们的心目中增加可信度，消除人际关系中的偏执和成见，还可以开阔视野，增长知识。

世界这么大，新事物那么多，一个人不可能对所有的事物都了解，对所有的知识都掌握，其中必定有你所不知道或知之甚少的东西，所以说，没有必要不懂装懂。要知道，不懂装懂的做法一旦被别人识破，不但显不出自己的高品位，反而更会让人瞧不起，还难免被人故意利用其弱点加以愚弄，那滋味恐怕更不好受。

"三人行，必有我师"。意思是说每个人身上都有你可以学习的长处。你知道得越多，就应该越谦虚，就如苏格拉底所说：**"我知道得越多就越发现自己的无知。"**

孔子带着学生到鲁桓公的祠庙里参拜，看到一个可用来装水的器皿，形体倾斜地放在祠庙里。

守庙的人告诉他："这是欹器，是放在座位右边用来警诫自己，如'座右铭'一般的器皿。"

孔子说："我听说这种用来装水的伴坐的器皿，在没有装水或装水少时就会歪倒;水装得适中,不多不少的时候就会是端正的;里面的水装得过多或装满了,它也会翻倒。"

说着,孔子回过头来对他的学生们说:"你们往里面倒水试试看吧!"学生们听后舀来了水,一个个慢慢地向这个可用来装水的器皿里灌水。果然,当水装得适中的时候,这个器皿就端端正正地立在那里。不一会儿,水灌满了,它就翻倒了,里面的水流了出来。再过一会儿,器皿里的水流尽了,就又像原来一样歪斜在那里了。

这时候,孔子便长长地叹了一口气说道:"唉!世界上哪会有太满而不倾覆翻倒的事物啊!"欹器装满水就如同骄傲自满的人那样容易倾倒。因此为人要谦虚谨慎,不要骄傲自满。

法国数学家笛卡儿是一位知识渊博的伟大学者,但他也如同苏格拉底一样,声称学习得越多就越发现自己的无知。

一次,有人问这位伟大的数学家:"你学问那样广博,竟然感叹自己的无知,是不是太过于谦虚了?"

笛卡儿说:"哲学家芝诺不是解释过吗?他曾画了一个圆圈,圆圈内是已掌握的知识,圆圈外是浩瀚无边的未知世界。知识越多,圆圈越大,圆周自然也越长,这样它的边沿与外界空白的接触面也越大,因此未知部分当然就显得更多了。"

"对,对,你的解释真是绝妙!"问话者连连点头称是,赞服这位学问家的高见。

知识越多,越觉得自己无知,你觉得这奇怪吗?一点儿不奇怪,笛卡儿的比喻十分形象。知识多者,在于他知道世界还有很多奥妙,也就是知道自己无知。而无知者,在于他不知道这世界是怎么回事,他怎么会知道自己无知呢?

人类世界浩瀚几千年的文明史,个人所掌握的知识相比之下就如同沙漠里的一粒沙。所以永远不要说自己无所不知。只有愚蠢的人才会那样妄自尊大、自鸣得意。

莫里斯·斯威策说过："骄傲自大的人喜欢见依附他的人或谄媚他的人而厌恶见高尚的人。而结果这些人愚弄他，迎合他那软弱的心灵，把他由一个愚人弄成一个狂人。"

丰收的稻穗总是弯腰向着大地。无论在任何时候，永远不要以为自己知道了一切。不管人们把你评价得多么高，你永远都要清醒地对自己说："我是一个一无所知的人，每个人都是我的老师。"

心灵悄悄话

> 世界这么大，新事物那么多，一个人不可能对所有的事物都了解，对所有的知识都掌握，其中必定有你所不知道或知之甚少的东西，所以说，没有必要不懂装懂。要知道，不懂装懂的做法一旦被别人识破，不但显不出自己的高品位，反而更会让人瞧不起，还难免被人故意利用其弱点加以愚弄。

将计就计，适时反击

人心难测，行走社会，要想事事顺利，绝非易事。即使再精明的人也曾有过"大江大浪都过来了，却在小河沟里翻了船"的喟叹。**栽了跟头，让人颜面尽失，空自悔恨，也于事无补。这时若是用心想想，将计就计，也许危机就可以在不显山不露水中得到化解，从而使自己绝处逢生。**

民国时期，在上海有家当铺。掌柜的是位年逾六旬的老板，他经营四五十年，收徒不下百余人，同行中人都尊敬地称他老前辈。然而，这位老前辈谨慎一生，疏忽一时，在一次典当中受了骗。

一日午后，老前辈静坐于柜台中。这时忽来一人，郑重地取出一颗大似豆且精圆光润的东珠，要求典当。

老前辈细看那珠，真乃千金珍品，遂邀请来人入内室商量质价。来人坚决索要500块银圆，老前辈还以300块银圆，双方讨价还价。最后，来人声称有急用，请老前辈加到450块银圆，另以小珠20颗再加50块银圆，凑成500块银圆。

他顺手取出珠一颗，说道："其他19颗等我回店中取来。"老前辈答应了。过不多时，那人果然手持一盒又来，把小盒递给老前辈，说道："这盒里共50粒，请您细细选之。"

老前辈全神贯注地在盒内精选小珍珠，那人则在一旁，冷嘲热讽，继而说道："您的缜密，可谓到家了。还是请您先收起东珠，不要光在小珠上斤斤计较，须知我一周之后，即来赎取的。"老前辈闻言，顿时感到自愧，忙将大小珠一起收藏，然后取出银圆，交给对方。

那人走后，老前辈遂将东珠重新审视一番，顿时大惊失色。原来所谓东珠是赝品。老前辈努力回忆方才之情景，断定骗子所持求质珍珠是真

的，后来利用挑选小珠的机会，以同样的假珠换了真珠，异常的巧妙，因而得手。

老前辈虽然技艺高超，但为人低调，从不张扬自己，但是低调并不代表可以忍气吞声、甘愿受骗。他决心要挽回自己的名声和那笔钱款。当然不能上门索要，那样肯定不行。老前辈决定用上一招将计就计之计，只要对方贪心不改，必然会中计。

老前辈去谒见典东，自请辞职。并在临行的前一日，大张旗鼓地发了大批请帖，将典当同行和珠宝业中的代表，共100余人，邀至某大餐馆设宴话别。

席间，老前辈取出伪珠，道出原委。客人们接过珍珠相互传观，连连称赞！珍珠制造极精巧，虽然是假货，但很难分辨。

老前辈起身，对众宾客道："老夫一世英名，断送于此；毕生积蓄，赔了一半。这是我一时疏忽，咎由自取，不须怨天尤人。但是，那个骗子手握如此精巧的伪珠，更用种种骗术趁机以进，老夫恐怕众人上当受骗，所以在我辞职归家之前捣碎此珠，斩草除根，永绝后患，以解我心头之气！"言毕，手持铁锤，猛力一击，伪珠顿时粉碎，座客掌声四起，老前辈仰头哈哈大笑。随后宾主干杯，尽情畅饮。

第二天，老前辈佯装身体不舒服，暂缓动身。中午，忽来一人，将手中的当票交与店员，要求核算本利。

店员接过一看，正是老前辈受骗的那笔生意！心里不免一惊，昨日那颗伪珠已被当众捣碎，这可怎么办！

店员跑进内室找老前辈，惊叫道："老前辈，大事不好了，那人来赎东珠了！"老前辈听了，大喜道："他果然来了，我知道他一定得来！"当即取出原珠，让店员交还来人。那人端详了好一会儿，默默无言，转身离去。这时，店员很感奇怪，昨日眼见此珠已被击碎，今日怎会完整如初？

原来，老前辈席间传观的是那人的原物，而后砸碎的，则是预先准备好的另一颗假珠。在座诸人并没觉察到，但那骗子听到这个消息，贪心再起，故而持票取赎，借此大敲竹杠。哪里知道却中了老前辈的圈套！

俗话说："姜还是老的辣。"面对骗子的卑劣行径，老前辈来了个将计就计，以牙还牙，骗子的奸计最终没有得逞。

　　在社会上办事，难免会遇到一些奸诈之徒，他们诱你上当。如果你已经识破了他们的花招，也不要急于拆穿，以免他们狗急跳墙，对你不利。而如果你能在极端的时间内想出应对之策，不妨就用上一招将计就计之策，让这些骗子自尝苦果。

心灵悄悄话

　　识破了别人的阴谋诡计，如果当面拆穿，对方必定会百般抵赖或狡辩，事情的发展也会陷入僵局。这时最好的办法就是低调一些，佯作不知，用上一招将计就计，给他来个措手不及。

第二篇　低调藏身的学问

第三篇

低调心态的学问

低调是一种风度。具有这种风度的人，在春风得意之时，不会向人耀武扬威；在取得成就之时，不会故作姿态；在光芒四射之时，不会将风光独揽；在名声赫赫之时，不会大肆宣扬。因为他们时时处处注意收敛光芒，不去刺伤别人。虽然说在社会上生存，要遵循优胜劣汰的法则，但是也不能忽视这样一个潜规则：要想让大家相安无事，要想让自己不招嫉妒，不惹麻烦，就要给别人展示的机会。不管你才能如何，都有可能碰上无法施展的时候，这时候千万要记住：你越沉不住气，别人越把你看得很轻。

妒火烧身害人害己

在交往中,人人都想获得良好的评价,自觉和主动地维护着自己的尊严。如果过分地显示自己,有着高人一等的优越,这样无形中对别人的自尊形成一种轻视和挑战;别人心理自然就会对你产生一种排斥的态度。

平常的相处中就有这种现象:某人才思敏锐,言辞锋利,一开口就流露出一股傲慢。此种印象形成后,别人就不易于接受他的观点。因为他的目的就是表现自己,显示自己的优越,从而让别人佩服和服从,但却往往事与愿违,在同事中颇不得人心。这倒应了法国哲学家罗西法古的一句话:"你要得到仇人,就表现得比你的朋友优越;你需得到朋友,就让你的朋友表现得比你优越。"朋友比你优越,他显然处在一个主角的地位,有一种自如的感觉。而当你比朋友优越时,他能产生的只是自卑和失望,甚至会对你艳羡或妒恨,这样你们的朋友关系还会存在吗?

嫉妒是人性的本能。同事间的嫉妒就像一把烈火,控制不当,会把一个人毁灭的。当你发现别人在嫉妒你,一定要想方设法,把已经点燃的妒火熄灭。

同事间的嫉妒大部分是有根源的。你取得了成就,获得了荣誉,得到晋升,都可能成为别人嫉妒的对象。有些人的嫉妒是写在脸上的,你一看心里就明白;而另一部分人的嫉妒是藏在心里的,他脸面上不表露,嘴上还一个劲儿地夸你,可就是在工作中开始和你作对,表现出不友好或不合作的迹象。

有一位管理学院的系领导就很懂得化解之法,他初任系主任的时候,有一位很有才能的同事经常找碴儿,出他的洋相,但他没有火上浇油,而是采取釜底抽薪的办法。他亲自登门找这位同事交谈,找出自己的弱点和不

足，最后说："我本人不管是在教学上，还是管理上，都缺乏经验，主持系里的工作，是赶鸭子上架，还希望你尽力帮助和支持。"他高抬别人，贬低自己，故意示弱，收到了将妒火熄灭的效果。那位教授后来不仅不再为难他，反而成了他的得力助手。

要将妒火熄灭，还要会化财消灾，减弱对方的嫉妒。对妒恨自己的人，你不但不能以牙还牙，反而要以德报怨。这也是化解嫉妒的一步妙棋。

某计算机公司的一位高工新设计了一套软件，推向市场后销路很好，得了一大笔奖金。公司里的一帮小青年嫉妒得眼都红了。一天，一个小青年家中突然失火，生活用品全部化为灰烬，寒冬腊月，无处藏身了。这位高工知道后，立即自己买了吃的用的铺的盖的，租一辆客货两用车，专程送到了小青年的家中，这位小青年和他的几个哥们，简直把高工看作老大。对高工说："你真是菩萨心肠！往后有什么为难的事，打一声招呼，赴汤蹈火，我们几个全上！"

被人嫉妒，是祸不是福，所以你要灭祸祈福，想招数把妒火熄灭；嫉妒别人也不是好事，要防微杜渐，不要让它形成一种破坏力量，害人害己，两败俱伤。

心灵悄悄话

当别人嫉妒你时，你不要显现你的得意或得理不让人，这样做的结果是，只能促使他的嫉妒升温。熄灭妒火把姿态放低，对人彬彬有礼，诚恳地请求别人的指教或者配合，从而化解别人的嫉妒。

用低调赢得赞美

有些人为了在人前显示自己的才能，得到别人羡慕的目光，总喜欢自吹自擂，其实，这种方式很愚蠢，因为即使把牛皮吹破，也只能给人留下笑柄，不会有半点说服力。

真正干大事的人，行事往往很低调，从来不在人前显示自己的才华。这种人的才能是靠实实在在的行动体现出来的，名声是通过别人的赞美传播开的，他们是"不求名，名却自扬"。

西晋的王湛就是这样的一个人，虽然他"剖析玄理，微妙有奇趣"，但是他却从来不向人夸耀。

王湛年纪轻轻就很有见识，但是他平时从不表现自己，别人有对不起他的地方，他也从不去计较，因此很多人都轻视他，连他的侄儿王济也瞧不起他。

吃饭的时候，桌子上明明有许多好菜，王济也不让这位叔叔吃。王湛吃不到好鱼好肉，就叫王济给他点儿蔬菜吃，可王济又当着他的面把蔬菜也吃了，但王湛并不生气。

一天，王济偶然到叔叔的屋里去玩，见到王湛的床头有一本《周易》，这是一本很古老又难读懂的书。

在王济看来，王湛这样的木头人怎么可能读懂这样一本书呢？于是他就问："叔叔把这本书放在床头干什么呢？"王湛回答说："身体不好的时候，坐在床头随便看看。"

王济怀疑叔叔读《周易》不过是做做样子而已，便有意请王湛说说书中的一些意思。王湛分析其中深奥的道理，深入浅出，非常中肯，讲得精练而有趣，这是王济从来没有听到过的。

于是,他留在叔叔的住处,接连好几天都不愿回去。经过接触和了解,他深深感到,自己的知识和学问比起叔叔简直差了一大截。

他惭愧地叹息说:"我家里有这样一位博学的人,可我三十年还不知道,这是我的一个大过错啊!"几天后,他要回家了,王湛又很客气地把他送到大门口。

王济有一匹性子很烈的马,特别难骑,就问王湛:"叔叔爱好骑马吗?"王湛说:"还有点儿爱好。"

接着王湛就骑上这匹烈马,姿态容貌悠闲轻巧,速度快慢自如,连最善骑马的人也无法超过他。王济对他平时骑的马特别喜爱。王湛又说:"你这匹马虽然跑得快,但受不得累,干不得重活。最近我看到督邮有一匹马,是一匹能吃苦的好马,只是现在还小。"

听了叔叔的话,王济半信半疑地将那匹马买来,精心喂养,等它与自己骑的马一样大了,就进行比试。

王湛又说:"这匹马只有背着重量才能知道它的能力,在平地上走显不出优势来。"于是,王济就让两匹马在有土堆的场地上比赛。跑着跑着,王济的马果然摔倒了,而从督邮那里买来的马还像平常一样,稳稳当当。

通过这些事情,王济开始从内心深处佩服叔叔的学识和才能了。他回家以后,就对父亲说:"我有这样一位好叔叔,比我强多了,可我以前一点儿也不知道,还经常轻视他,太不应该了。"

晋武帝平时也认为王湛是个呆子。

有一天,他见到王济,就像往常一样开他的玩笑,说:"你屋里的傻叔叔死了没有?"

要是在过去,王济会无话可答,可这一次,王济大声回答说:"我叔叔根本不傻!"

接着,他就把王湛的才能学识一五一十地讲出来,武帝也相信了。

经过王济的这一番称赏,王湛的名声渐渐传播开来。

他后来历任秦王文学、太子洗马、尚书、太子中庶子、汝南内史等职位。

王湛是一个典型的毫不张扬的人,虽然他广有学识,见解独特,但是却沉思内敛,从不在人前炫耀。不过,他的学识最终被侄子王济发现,通过王济的传扬,王湛的名字为大家所熟知,最终他坐上了汝南内史的位置。

所以说,**如果你觉得自己有能力,有本领,不要自己大肆宣扬,那样只会让人觉得你华而不实,心性浮躁,做人不踏实。**

不如收敛起自己的锋芒,用实实在在的行动去征服别人。看到你的业绩,你谦虚的姿态,别人会更加敬重你,你的好名声自然也就传播开来了。

心灵悄悄话

真正干大事的人,行事往往很低调,从来不在人前显示自己的才华。这种人的才能是靠实实在在的行动体现出来,名声是通过别人的赞美传播开的,他们是"不求名,名却自扬"。

进取永无止境

很多人都认为，拥有卓越功勋的人，为企业的发展立下赫赫战功的人，按理说功成名就，应该是高枕无忧，但是这些人的处境却是最危险的。

有这样一句话：**"狡兔死，走狗烹。"**在"江山"稳固之后，这些人很容易成为领导者过河拆桥的对象。

出现这种情况，人们大多会站在他这一方，很为他鸣不平，认为做领导者的太忘恩负义。其实，得到这样的结局，这些人也不是没有半点责任的。仔细分析一下这些人，你就会发现他们身上有一个共同的毛病：自恃功勋卓著，平日里居功自傲，不把任何人放在眼里，哪怕是自己的老板，这是最要不得的态度。虽然在创业之初，你和老板同甘共苦，一路打拼，创下了这份基业。但是企业毕竟要向前发展，要不断壮大。

你的这些思想已经不合时宜，你的业绩已成为过去，如果还一直旧话重提，那只能是阻碍自己进步，阻碍企业前进。这样一来，老板"炒"掉你那是必然的事情。

廖先生今年四十岁，刚离开他待了十五年的公司。

十五年前，他到一家小电器行工作。廖先生忠诚能干，很得老板的器重。廖先生颇有"士为知己者死"的豪气，每天卖命地做，老板也未亏待他，二人情同手足，业务也因此而一日千里。

后来公司扩大，进口外国家电，廖先生花了半年时间建立了全省的经销网，可说备尝艰苦。老板对他的表现相当满意，待遇、红利也一年比一年给得多。

三年后，公司开始稳定成长，廖先生的担子放了下来，开始有空出国散心。

在老板的指示下他把很多重要的工作交出去，成为一个"德高望重"的"长老"。

廖先生也对他能在立下战功之后享"清福"大为满意，在面对企业员工时，俨然是一副老前辈的样子，凡事都要指手画脚，这让老板很不舒服。

半年后，老板拿了一张支票放在他的桌上，要他离开这家公司……廖先生虽然万分不情愿，可是也不得不离开。

作为功臣，不管自己的功劳有多大，要避免"被杀"的命运，都要保持低调，要谦虚，要调整自己的心态，做到以下几点：

第一，急流勇退，另谋出路。

臣不是必然会被"杀"，但被"杀"的可能性永远存在。

因此与其待得越久，危险性越高，不如在老板还珍惜你时，以最光荣风光的方式离开，为自己寻找另一片天空。

也许你走不掉，至少这个退的动作也是表态，老板会欣赏你这个动作的。

第二，隐姓埋名，不提当年勇。

也就是说，如今只有老板的名字，你的名字"消失"了，一切"荣耀"归于"老板"，你从此"没有声音"，也不可提当年勇，你一提，不就在和老板争锋头吗？他是不会高兴你这么说的。

第三，淡泊明志，终生为"臣"。

利用各种时机表现自己的"胸无大志"，无自立为"王"的野心，永远是老板的人。你若野心勃勃，老板怕控制不了你，又怕商机被夺，迟早会对你下"毒手"的。

第四，与时俱进，自显价值。

很多"功臣"认为"理所应得"很多利益而不做事，然后成为退化的一群，因而被"杀"。因此要保全，必须随时显露自己的价值，让老板觉得离不了你，否则一旦成为"废物"，就会被当成"垃圾"丢掉，谁在乎你曾是"功臣"呢？

谦虚，自古就被视为美德。的确，谦虚是人们不断完善自我的途径，是通向成功的重要条件，只有谦虚，人才会不断进取，取得更大的成就。谦虚

者的进取是永无止境的。对好的评价只是淡淡一笑。他们是伟大的苍鹰，在天空飞翔。谦虚是天堂的钥匙，给谦虚者一条成功的道路。牛顿说过："如果说我看得远，我就站在巨人的肩膀上。伟大的居里夫人面对人类的成功只是淡淡一笑。人类历史上的名人伟人都如此谦虚，所以我们每个人都要养成一种"虚怀若谷"的胸怀，都要有一种"虚心谨慎、戒骄戒躁"的精神。用我们的有限的生命时间去探求更多的知识空间吧！

心灵悄悄话

拥有卓越功勋，立下汗马功劳的人，千万不能躺在自己的功劳簿上扬扬得意，只顾吹嘘，不思进取，那样你必然有被"炒"的危险。要记住一点，无论有多么辉煌的过去。都要保持低调，不断进取！

要给别人表现的舞台

无论是谁,也无论你能力有多强,更无论你的表现欲有多重,可千万不要忽视别人的存在,不要掩盖其他人的光芒,不要对别人的生存造成威胁,要懂得推美让功,也给别人留有表现的机会。

太阳虽然光芒万丈,但是它却把黑暗留给了群星,让它们也有装扮天空的机会。大海虽然浩瀚,但是它却把陆地留给了河流、湖泊,让它们也有一展身姿的机会。大自然的诸多现象启示我们:**美事不可一人做尽,好处不可一人占绝。不要只想着独占风光,那样的话带给自己的也将是灾难。**

一位职业棒球的投手,球速快,控球得心应手,任何打者都打不到他的球,因此他的声望如日中天,全世界的目光都集中在他一个人的身上。有一天,他的手被几个蒙面大汉打断了,经过追查,打断他手的,竟是自己的队员。他们打断他的手的理由是,他太厉害了,让他们没有表现的机会——投手封住了对方的打击,队员没有表现的机会那还有什么戏唱呢?

在一个团体里,个人能力太强,会掩盖其他人的光芒,使他们在相比之下黯然失色,于是他们就会怀疑自己的能力,对自己的处境感到不安。

随之而起的便是自卫,表现出来的则是抗拒和攻击;抗拒是抵制你,拒绝和你合作,攻击则是找你的弱点和小辫子,加以渲染、扩大,中伤你、打击你,欲将你除之而后快。由于他们有这种心理,你当然就难以和他们相处了。而且这种状况也会造成上司在领导上的困扰——他要买你的账,又要安抚其他人的不平,多累。因此,虽然你的能力创造了你个人的荣耀,实际上已为你自己埋下了一颗又一颗的不定时炸弹。

能力强不是罪过,但却常遭到排挤,反而容易不得志,这不能说是别人心胸狭窄,而是人类自卫本能所造成的,因此在一个团体里与人共事,如果你能力很强,那么一定要注意:

不要过于表现，要适度的收敛，有时有十分的能力，则只表现八分，好让别人也有表现的机会，就像那位超级投手，有时也应让对方打到球，让自己的队员也有机会表现。要懂得推美让功，在这一点上，应该好好学习西汉的郭解。

郭解是西汉的一位侠客，在当时很有声望。一次洛阳某人因与他人结怨而心烦，多次央求地方上有名望的人士出来调停，对方就是不给面子。后来他找到郭解门下，请他来化解这段恩怨。郭解接受了这个请求，亲自上门拜访委托人的对手，做了大量的说服工作，好不容易使这人同意了和解。照常理，郭解此时不负人所托，完成这一化解恩怨的任务，可以走人了。可郭解有高人一着的棋，有更技巧的处理方法。

一切讲清楚后，他对那人说："这个事，听说当地许多有名望的人也来调解过，但都没有调解成。这次我很幸运，你也很给我面子，我把这件事解决了。但我毕竟是个外乡人，占这份功劳恐怕不好。本地人出面不能解决的问题，由我这个外地人来解决了，未免会使本地那些有头有脸的人感到丢面子。"

他进一步说："这件事这么办：请你再帮我一次，从表面上让人以为我没办成，等我明天离开此地，本地几位头面人物还会上门，你把面子给他们，算是他们调解成的，好不好？拜托了！"

郭解之所以这样低调也是有原因的，因为"强龙不压地头蛇"，如果自己得了名声而让当地的那些人丢了面子，以后的日子肯定好过不了，与其这样，倒不如把这个名声给了他们，让他们表现一次。

在日常生活中，我们经常发现这样的人，他虽然思路敏捷，口若悬河，但一说话就让人感到狂妄，因此别人很难接受他的任何观点或建议。这种人喜欢表现自己，总想让别人知道自己很有能力，处处显示自己的优越感。还以为这样能获得他人的敬佩和认可，但结果却往往适得其反。而从不自己夸耀自己，去适当地满足他人虚荣心的人，却能赢得更多的朋友和更多的尊重。

任何事情，都不要妄加断言，更不要随便打听，尤其是别人隐私方面的

事情。如果对方自己得意扬扬，他会迫不及待告诉你的。如果人家迟迟没有开口，就最好知趣点，赶紧扯开话题，照顾一下别人的虚荣心。泰戈尔说："当我们大为谦卑的时候，便是我们最近于伟大的时候。"

法国哲学家罗西法古说："如果你要得到仇人，就表现得比你的朋友优越吧；如果你要得到朋友，就要让你的朋友表现得比你优越。"

这句话真是没错。因为当我们的朋友表现得比我们优越时，他们就有了一种自己是重要人物的感觉，但是当我们表现得比他们优越时，他们就会产生一种自卑感，造成羡慕或嫉妒。低调者早已认识到了这一点，他们总是把优越感让给别人，满足别人的虚荣心。

心灵悄悄话

虽然说在社会上生存，要遵循优胜劣汰的法则，但是也不能忽视这样一个潜规则：要想让大家相安无事，要想让自己不招嫉妒，不惹麻烦，就要给别人展示的机会。

怀才不遇时不要抱怨

有非凡的才能,却没有足够的施展空间,没有展现才华的机会,这听起来真是一件让人郁闷的事情。在当今社会似乎这样的人并不少见,几乎在每个地方都有"怀才不遇"的人,这些人也大多是一副郁郁不得志的样子。

难道社会真是这样不识才,让这些耀眼的明珠被埋没起来吗?并不全是的。虽然有时是千里马无缘见伯乐,但大部分都是人才自己的原因造成的。

一些人确实有才华、有能力,他们怀才不遇的原因也在很大程度上和其自身有关。这些人常常是自视过高,看不起能力、学历比他低的人,可是社会上的事很复杂,并不是你有才就可得其所的,别人看不惯你的傲气,自然而然就会想办法给你点颜色看。至于上司,因为你的才干威胁到他的生存,如果你不适度收敛,又怕别人不知你才子似的乱加批评,那么你的上司肯定会压制你,不让你出头,于是你就变成"怀才不遇"了。

任何一个环境都有"怀才不遇"的人,这种人时常批评别人,有时也摆出一副抑郁、不得志的样子。和这种人交谈,运气不好的时候,还会被他刻薄地批评一顿。这种人有的真是怀才不遇,因为他们无法与客观环境融合,**"虎落平阳被犬欺,龙困浅滩遭虾戏"**,但为了生活又不得不屈就,所以痛苦不堪。

另一种"怀才不遇"的人或许本来就是自我膨胀的庸才,他们之所以没有受到重用,是因为他们的平庸、无能,而不是别人的嫉妒。但他们并没有认识到这个事实,反而认为自己不被欣赏、不被重用,因而到处发牢骚、吐苦水。

不管有才或无才,凡是有"怀才不遇"的"感觉"的人都是人见人怕,因为你只要一听他谈话,他就会骂人,批评同事、主管、老板,然后吹嘘他多有

本事、多有能耐，遇到这种情况，你也只好点头称是，绝不要跟这种人唱反调。

"怀才不遇"感觉越强烈的人，越把自己孤立在小圈圈里，无法参与到其他人群里面，因为每个人都怕惹麻烦，而对这样的人敬而远之。不好的评价一旦传播开来，除非遇到爱惜人才、明白事理的上司，否则将永远无法出头。

不管你才能如何，都有可能碰上无法施展的时候，这时候千万要记住：就算有"怀才不遇"的感觉，也不能表现出来，你越沉不住气，别人越把你看得很轻。那么难道就这样一辈子"怀才不遇"下去？那倒不必如此，你可以尝试按照以下的几点去做，相信事情定会有所改变。

如何"怀才有遇"？

第一，先做自我能力评估，看是不是自己把自己估计得太高了。

如果觉得自己评估自己不是很客观，可以找朋友和较熟的同事替你分析一下，如果别人的评估比你自我评估还要低，那么你要虚心接受。

第二，分析自己的能力无法施展的原因何在，是一时间没有恰当的机会还是受大环境的限制？有没有人为的阻碍？

如果是机会问题，那只好继续等待。如果是大环境的缘故，那就要考虑改变一下现有的环境，寻求更好的发展空间。如果是人为因素，那么可诚恳沟通，并想想是否有得罪人之处，如果是，就要想办法疏通、化解；如果你骨头硬，不肯服软，那当然就另当别论了。

第三，展示你的专长。

让你的专长说话，而不是靠你的情绪说话。

第四，营造更和谐的人际关系，不要成为别人厌恶的对象，而要以你的才干积极地去协助其他同事出色地做好工作。

但要记住，帮助别人切不可居功，否则会吓跑了你的同事。此外，谦虚、客气、广结善缘，这些都将会为你带来意想不到的收益。

所以，**即使自己比别人懂得多，也要把姿态放低些，不要追求荣誉，只要成果就好了。**

现实生活中，不乏这样的人，当他们发现自己的想法比别人的高明时，总爱在人前夸夸其谈，让别人按照自己的建议去行事，然后从两者的对比

中显示自己不凡的能力。但这样做的结果却令他们失望,因为对方往往不买他们的账。这些人不明白,每个人都有自尊,都有自己的思想见解,没有人喜欢自己遵照别人的意愿行事。

其实,**要想让对方接受自己的观点,不要唱高调,给别人一种压迫感,而是要巧妙引导,让他感觉这种观点完全是出自他自己的所思所想。**

在威尔逊总统执政期间,爱德华·豪斯上校在国内及国际事务上有极大的影响力。威尔逊对豪斯上校意见的依赖程度,超过对自己内阁的依赖。

豪斯上校是利用什么方法来影响总统的呢?

豪斯说:"认识总统之后,我发现,要改变他看法的一个最佳办法,就是把这个新观念很自然地建立在他的脑海中。第一次这种方法奏效,纯粹是一个意外。有一次我到白宫拜访他,催促他执行一项政策,而他显然对这项政策不赞成,但几天以后,在餐桌上,我惊讶地听见他把我的建议当作他自己的意见说出来。"

豪斯上校是否会打断他的话,说:"这不是你的主意,这是我的?"没有,豪斯不会那么做,他太老练了。他不愿追求荣誉,他只要成果。所以他让威尔逊继续认为那是他自己的想法。豪斯甚至更进一步,使威尔逊获得这些建议的公开荣誉。

纽约长岛一位汽车商人,把一辆二手汽车成功地卖给了一位苏格兰人。这位商人带着那位苏格兰人看过一辆又一辆的车子,但苏格兰人总是不满意,要么这不适合,要么那不好用。在这种情况下,这位商人接受了别人的劝告,停止向那位苏格兰人推销,而让他自动购买。

几天之后,当有位顾客希望把他的旧车换一辆新车时,这位商人就开始尝试这个新方法。他知道,这辆旧车对苏格兰人可能很有吸引力。于是,他打电话给那位苏格兰人,问他能否过来帮个忙,提供一点建议。

那位苏格兰人来了之后,汽车商说:"你是个很精明的买主,你懂得车子的价值。能不能请你看看这部车子,试试它的性能,然后告诉我应该出多少价钱买这辆车子才合算?"

那位苏格兰人的脸上泛起"一堆笑容",终于有人来向他请教了,他的能力已受到赏识。他把车子开上皇后大道，一直从牙买加区开到佛洛里斯特山，然后开回来。"如果你能以 300 美元买下这部车子，"他建议说，"那你就买对了。"

"如果我能以这个价钱把它买下，你是否愿意买它？"这位商人问道。300 美元是他的主意，他的估价。这笔生意立刻成交了。

这位汽车商人虽然心中有自己的谋划，但是他却把主角的位置让给了这位苏格兰人，让他自己去感受、去决定，结果如愿完成了交易。运用同样的方法，下面这位 X 光机制造商成功地把他的设备卖给了布鲁克林一家最大的医院。

那家医院正在扩建，准备成立全美国最好的 X 光科。L 大夫负责 X 光科，整天受到推销员的包围，他们一味地歌颂、赞美他们自己的机器设备。然而都不奏效。这位制造商比其他人更懂得人性的弱点。他写了一封信，内容大致如下：

我们的工厂最近完成了一套新型的 X 光设备。这批机器的第一部分刚刚运到我们的办公室来。它们并非十全十美，你知道，我们想改进它们。因此，如果你能抽空来看看它们并提出你的宝贵意见，使它们能改进得对你们这一行业有更多的帮助，那我们将深为感激。我知道你十分忙碌，我会在你指定的任何时间，派我的车子去接你。

"接到那封信时，我感觉很惊讶！"L 大夫事后说，"既觉得惊讶，又觉得受到很大的恭维。以前从没有任何一位 X 光制造商向我请教。那个星期我每天晚上都很忙，但我还是推掉了一个晚餐约会，以便去看看那套设备。结果，我看得愈仔细，愈喜欢它。"

"没有人试图把它推销给我。为医院买下那套设备，完全是我自己的主意。我接受了那些优越的品质，于是就把它订购下来。"

很多推销员无法做成的事情，这位制造商轻松搞定。其中最为关键的就是那些推销员爱好为人师，总是在大谈特谈其设备的优点，然后努力说服 L 大夫去购买它，这种强迫性的建议让他感觉很不爽，所以他不会接受。

而这位制造商却巧妙地把位置进行了转换,让这位 L 大夫站到了师长的位置,满足了对方的虚荣心。这还能不成功吗?

所以,如果你有了一个非常好的创意,你不必扬扬自得地在上司面前卖弄,而应该巧妙地引导上司想出这个创意,让上司觉得这是他自己的创意,让他很有成就感,这样上司一定会很感激你,并有意识地重用你。

心灵悄悄话

> 摒弃"怀才不遇"的心理,因为这会成为你思想上的负担。谨慎地做你该做的事,就算是大材小用,也是快乐的。不愿追求荣誉,只要成果,这就是一种低调的做人风格。我们每个要接触的人,都喜欢被人认为是聪明的、有个性的、有思想的人。

低调造就豁达心态

一般来说,低调的人往往眼界开阔,心胸豁达,怀有包容心,也因此,他们很少有烦恼、自责的时候,和周围人相处得也很融洽。也许有人会说,宽容别人是否证明自己放弃原则,太软弱了? 当然不是,**宽容是化敌为友、得人尊敬的最好手段。**

卡尔是一位卖砖的商人,由于另一位对手的竞争而使他陷入困难之中。对方在他的经销区域内定期走访建筑师与承包商,告诉他们:卡尔的公司不可靠,他的砖块不好,生意也面临即将停业的境地。

卡尔并不认为对手会严重伤害到他的生意。但是这件麻烦事使他心中生出无名之火,真想"用一块砖头敲碎那人肥胖的脑袋"作为发泄。

有一个星期天早晨,卡尔听了一位牧师讲道时的主题是:要施恩给那些故意跟你为难的人。卡尔把每一个字都记下来。卡尔告诉牧师,就在上个星期五,他的竞争者使他失去了一份25万块砖的订单。但是,牧师却教他要以德报怨、化敌为友,而且他举了很多例子来证明自己的理沦。

当天下午,当卡尔在安排下周的日程表时,发现住在弗吉尼亚州的一位顾客,正为新盖一间办公大楼要一批砖。可是他所指定的砖却不是卡尔他们公司所能制造供应的那种型号,却与卡尔的竞争对手出售的产品很相似。同时卡尔也确信那位满嘴胡言的竞争者完全不知道有这笔生意机会。

这使卡尔感到为难。如果遵从牧师的忠告,他觉得自己应该告诉对手这笔生意的机会,并且祝他好运。但是,如果按照自己的本意,他但愿对手永远也得不到这笔生意。

卡尔内心挣扎了一段时间。牧师的忠告一直盘踞在他的心里。最后,卡尔还是拿起电话拨到竞争者的家里。当时,那位对手难堪得说不出一句

话来。卡尔就很有礼貌地直接告诉他，有关弗吉尼亚州的那笔生意机会。

有一阵子那位对手结结巴巴地说不出话来，但是很明显的是，他很感激卡尔的帮忙。卡尔又答应打电话给那位住在弗吉尼亚州的承包商，并且推荐由对手来承揽这笔订单。

后来，卡尔得到非常惊人的结果。对手不但停止散布有关他的谎言，而且甚至还把他无法处理的一些生意转给卡尔做。现在，除了他们之间的一些阴霾已经获得澄清以外，卡尔心里比以前感到好得多了。

上面故事中卡尔对手先前的做法确实让人生气，但是如果卡尔没有包容他，没有把这笔生意介绍给他，他损失的只是一笔生意，而卡尔呢，心里肯定会非常痛苦，而且这种心境会伴随他很长时间。

所以，对曾经有意无意伤害过自己的人，我们要努力做到宽容他，这样虽然困难，但一定要坚持，因为宽容更能反映出你的宽大胸怀和雍容大度。用你的体谅、关怀、宽容对待曾经伤害过你的人，使他感受到你的真诚和温暖，也许你们之间的矛盾瞬间就冰释了呢？

心灵悄悄话

没有豁达就没有宽松。无论你取得多大的成功，无论你爬过多高的山，无论你有多少闲暇，无论你有多少美好的目标，没有宽容心，你必然会遭受内心的痛苦。所以，豁达是我们不可缺少的一种精神品质，而要想让豁达内化为自己的精神品质，做人就必须低调。

高贵者不会因谦卑而卑微

真正的大人物是那种成就了非凡的事业却依旧保持低调而平凡生活的人。他们从不会因为自己的成功而觉得自己高人一等,在他们心目中,荣誉只是外在的东西,自己和身边的普通人没有什么不同。

瑞典前首相帕尔梅是一位十分受人尊敬的领导人。他当时虽为政府首相,但仍住在平民公寓里。他生活十分简朴,平易近人,与平民百姓毫无二致。帕尔梅的信条是:"我是人民的一员。"除了正式出访或特别重要的国务活动外,帕尔梅去国内外参加会议、访问、视察和私人活动,一向很少带随行人员和保卫人员。1984 年 3 月,他去维也纳参加奥地利社会党代表大会,也是独自前往的。当他走入会场的时候,还没有人注意到他,直到他在插有瑞典国旗的座位上坐下来后,人们才发现他。对他的举动,与会者都啧啧称赞不已。

帕尔梅同他周围的人关系处得都很好。在工作之余,他还经常帮助别人,毫无高贵者的派头。帕尔梅一家经常到法罗岛去度假,和那里的居民建立了密切的联系,那里的人都将他看作朋友。他常常在闲暇时间独自骑车闲逛、铡草打水、劈柴生火、帮助房东干些杂活,以此来联系和接触群众,使彼此之间亲如家人。

帕尔梅喜欢独自微服私访,去学校、商店、厂矿等地,找学生、店员、工人谈话,了解情况,听取意见。他从没有首相的架子,谈吐文雅、态度诚恳,也从不搞前呼后拥的威严场面,这些都使他深得瑞典人民的爱戴。

帕尔梅平易近人,他同许多普通人通过信件建立了友谊。他在位时平均每年收到 1.5 万多封来信,其中三分之一来自国外,为此他专门雇用了 4 名工作人员及时拆阅、处理和答复,做到来者皆阅,来者均复。对于助手起

草的回信,他要亲自过目,然后才能签发。这一切都使他的形象在人民心目中日益高大。在瑞典人民的心目中,帕尔梅是首相,又是平民;是领导人,又是兄弟、朋友,他是人们心目中的偶像。

社会上绝大多数人都是居于平民阶层的普通人。那些居于高位的人,如果不能保持低调做人的本色,就会与大多数人产生距离甚至隔阂,其间就像多了一层隔板,在沟通上造成障碍。所以,从这一意义上说,地位越高的人,越应该保持低调做人的本色。**只有收住自己,才能收住人心,只有摆平自己,才能摆平他人。**

要学会低调地处理人与人之间的关系,学会一视同仁。不要厚此薄彼,不要用势利眼和有色眼镜看人、看社会。也不能因外界或个人情绪的影响,对人对事表现得时冷时热。

在实际生活中,绝大多数人都愿意接触与自己爱好相似、脾气相投的人,这在无形中也就可能冷落了其他一些人。因此,要想低调做人就要适当地调整心态,增加那些性格爱好与自己不同的人的交往,尤其对那些曾反对过自己的人,更需要经常与他们交流感情,防止造成不必要的误会与隔阂。有的领导者对工作能力强、使用起来得心应手的下级较关心和喜欢,而对工作能力较弱或话不投机的下级关心较差。这样时间长了,彼此关系就会逐渐疏远,上下级之间产生距离。

在低调做人方面有些伟人堪称我们的楷模。

由于工作关系,周恩来生前到北京饭店的次数特别多。每次去,他总喜欢在饭店内走动,同店里的领导、服务人员见见面,打打招呼,了解他们的工作和生活情况。饭店里所有的职工都对周恩来有一种特殊的感情。和周恩来共事的人,除了把他看成领袖,还会从内心把他当成良师益友。中南海摄影师徐肖冰说,周恩来与人交往时,并不是把自己当作官,他发自内心地把自己看作普通人中间的一员。和周恩来谈话,无须"仰着脸"。他不是高高在上,他就在你我中间。

正因为这样,周恩来赢得了所有下属和人民的心。下级人员把他当作自己的亲人,不仅同他谈话,渴望听到他的声音,并喜欢把自己的愿望和要求告诉他,把心掏给他。所以,周恩来能够从下级及人民群众那里听到最

真切的话语,获得最多的情感支持。

玛格丽特·杜鲁门在写她父亲杜鲁门总统的传记时,也曾多次提到她的父亲低调做人的感人故事:

> "父亲不愿意用他办公桌上的铃声下命令来传唤人,十有九次都是他亲自到助手的办公室去,在偶尔传唤别人的时候,他都会到他的橡树厅门口去接……"

> "父亲在处理白宫日常事务时,总是这样体贴别人,一点也不以尊者自居。他之所以能够使周围的人对他忠心耿耿,其真正的原因即在于此。"

人人都无法离群索居,你一生都得与人相处。在家庭、学校和社会,你都是其中的成员、分子、角色之一。你必须在你的环境内与其他人平等融洽地相处,这样你才会拥有幸福快乐的成功人生。

你若想过上快乐的生活,拥有成功的人生,就必须收起那张不讨人喜欢的高傲面孔,翘起嘴角,放松眉头,用你可爱的笑脸去面对周围所有的人。因为你的形象不是用高傲的架子支起来的,而是用低调的心态铺就的。

心灵悄悄话

> 越是伟大的人越是谦卑待人。放下身段,绝不会使高贵者变得卑微,相反,会使人们更加敬重他。这样的人把自己的生命之根深深扎在大众这块沃土之中,哪能不根深叶茂,令人敬重!

保持自我本色

惠尔浦公司前任总裁斯帕克曾说:**"始终保持自己的本色,千万不要装模作样地故作姿态。因为你一旦开始装腔作势,就必然会招致众怒。"**

联邦包裹服务公司创始人凯希对此也深有同感,他说:"不要自视过高,而应当谦虚一点,只有对自己不满足才能取得更大的成就。"但是很多才华初露的人却没有这样的思想境界,他们为自己取得的小小的成就而沾沾自喜,以至于端起了架子,丧失了本来可以成才的机会。

有位青年是一个诗歌爱好者,他从 7 岁起就开始进行诗歌创作,但一直未得到名师的指点。

有一年夏天,他因仰慕一位文学大师的大名,千里迢迢地去拜访这位年事已高的文学大师,寻求文学上的指导。

青年诗人谈吐优雅,气度不凡,老少二人谈得非常融洽。文学大师对他非常欣赏。

文学大师读过青年的诗稿之后,认定这个青年人在文学上将会前途无量,有意大力提携他。

文学大师将那些诗稿推荐给文学刊物发表,但反响不大。他鼓励这位青年,没有谁一开始就是成功的,所以他希望这位青年诗人继续将作品寄给自己。

自此,老少二人有了频繁的书信来往。青年诗人在信中激情洋溢、才思敏捷谈论文学问题,使文学大师对他的才华大为赞赏。

大师在与友人的交谈中经常提起这位青年,青年诗人因此就在文坛有了一点小小的名气。但是,这位青年诗人以后再也没有给他寄诗稿来,信却越写越长,奇思异想层出不穷,言语中开始以著名诗人自居,语气越来越傲慢。

文学大师开始感到了不安。

很快，秋天到了。文学大师去信邀请这位青年诗人前来参加一个文学聚会，年轻人如期而至。

在这位文学大师的书房里，两人进行了一番对话。这位青年告诉文学大师自己不愿意再像以前那样写一些小打小闹的作品，而是要写一部长篇史诗。

在这次文学聚会上，青年诗人大出风头，他逢人便谈他的伟大作品，表现得才华横溢，锋芒咄咄逼人。几乎每个人都认为这位年轻人必将成为大诗人，难怪文学大师如此欣赏他。

转眼间，冬天到了。

青年诗人继续给文学大师写信，信越写越短，语气也越来越沮丧。直到有一天，他终于在信中承认，长时间以来他什么都没写。以前所谓的大作品完全是他的空想。

他在信中很诚恳地写道：

"很久以来我就渴望成为一个大作家，周围所有的人都认为我是个有才华有前途的人，我自己也这么认为，我曾经写过一些诗，并有幸获得您的赞赏，我深感荣幸。

"在想象中，我感觉自己和历史上的大诗人是并驾齐驱的，包括和尊贵的您。但使我深感苦恼的是，自此以后，我再也写不出任何东西了。不知为什么，每当面对稿纸时，我的脑中便一片空白。我鄙弃自己，因为狂妄无知，我浪费了自己的才华。"

从那以后，文学大师再也没有收到这位青年诗人的来信。

一位本来可以成为诗坛新秀的青年却因为自己的故作姿态而销声匿迹，让人为之遗憾。

心宁则智生，智生则事成。

与此同理，只有内心宁静，才能产生灵感，有了灵感，才能创作诗篇；故作姿态的人少有作为，更成不了诗人。不要说刚刚涉入诗坛的人，就是诗坛泰斗，如果没有了宁静的心境，本色的生活，而只管唱高调，也难逃黯然

失色的命运。

　　所以,不管是什么人,不管你取得了怎样的成就,保持本色,做人低调都是必须牢记在心的准则,如果你偏离了它,就会偏离成功的轨道,滑向失败的深渊。

心灵悄悄话

　　要想成功,最重要的一点就是要保持本色,不故作姿态,这也是低调的人一贯坚持的做人原则。他们不管自己有无成就,成就多大,都会以此来严格要求自己。

低调——韬光养晦藏锋芒

在失意人面前要保持低调

面对别人一定要讳谈自己的得意之事,尤其是在失意者面前更要谦虚低调。要清楚,失意的人最脆弱,也最多心,你的得意谈论在他听来都充满了讽刺与嘲弄的味道,会让他感到你在用自己的能干去嘲笑他的无能,因此对你心生怨恨。

要知道,人生起伏、变幻不定,可以说是"三十年河东,三十年河西"。得意者未必一直得意,失意者也未必一直失意。如果我们在得意之时把失意之人得罪了,将来"乾坤"倒转之时,我们将如何自处? 不要像下面故事中的姓牛的这位同学,为了炫耀自己的得意,一点儿也不顾及失意之人的感受,到后来众叛亲离,自吞后果。

有一次,刘祥约了几个老同学来家里吃饭。这些老同学彼此都是常来常往的。刘祥把他们聚拢来主要是想借着热闹的气氛,让一位目前正陷入低潮的老同学心情好一点。

这位老同学不久前刚因经营不善而关闭了艰辛创办的公司,他的妻子也因为不堪生活的压力正与他谈离婚的事。内外交困,他实在痛苦极了。

来吃饭的老同学都知道这位老同学目前的遭遇,大家都避免谈与事业有关的事。可是,其中一位姓牛的同学,因为目前事业顺心,赚了很多钱,酒一下肚,忍不住就开始谈他的赚钱本领和花钱功夫。那种得意的神情,连刘祥看了都有些不舒服,那位失意同学的心情可想而知了。他一直低头不语,脸色非常难看,一会儿去厕所,一会儿去洗脸。那位姓牛的同学对此位同学的反常表现竟然毫无察觉,仍然还沉浸在自己辉煌业绩的讲述之中。后来,这位同学提前离开了。

刘祥连忙送老同学出去。在巷口,老同学愤愤地说:"老牛会赚钱也不

必在我面前说嘛!"因为这件事,两位老同学之间产生了矛盾。后来,那个老同学东山再起,老牛的生意却陷入绝境。老牛向很多同学求助,包括那位曾经很失意的老同学,结果都被一一拒绝了。

我们很容易想象到那个失意的人当时的心情,因为我们大多也碰过正处于低潮时,恰逢正风光的人在自己面前炫耀他的薪水、年终奖金,那种感受,就如同把针一支支插在心上一般,说有多难过就有多难过!

这是一种深入心底深处的不满!虽然失意的人对我们的怨恨不会立即显现出来,因为他无力显现,但他会透过各种方式来泄恨,例如说我们坏话、扯我们后腿、故意与我们为敌,而最明显的则是疏远我们,避免碰面,以免再听到得意事。于是我们不知不觉就失去了一个朋友! 当自己说得口沫横飞时,不知不觉已在失意者心中埋下了怨恨,这是多么划不来!

心灵悄悄话

当我们有了得意事时,不管是升了官,发了财,或是一切顺利,切忌在正失意的人面前谈论,就算在座的没有正失意的人,但总也有境况不如我们的人,你谈的得意事还是有可能让他们起反感之心。人总是有嫉妒心的,这一点我们必须承认。因此,我们得意时就少说话,而且态度要更加谦卑。

春风得意之时要思危

人生如果太顺了，顺得让别人眼红，顺得连自己也好像是做梦一样。这恰恰是最危险的时候，这个时候千万要让自己保持清醒，要保持低调，否则很有可能会出现"乐极生悲，盛极必衰"的局面。

当自己的事业、权势达到了顶峰之时，做人做事更应该小心翼翼，千万不要在这个时候咋咋呼呼，否则就很有可能就此滑向"万劫不复的深渊"。这并不是危言耸听，而是有过沉痛的历史教训的。

温州人李忠文生长在鞋业之乡，1994 年与哥哥开始在天津经营鞋业。1996 年李忠文打出"百信鞋业"旗号搞起"鞋业超市"，赚了一大笔钱。此时李忠文慢慢觉得光是一个天津已经不够自己施展了。他决心顺风扯帆，让"百信鞋业"之花开遍全国。

从 1997 年起到 2000 年，短短的四年时间，"百信鞋业"在全国 40 多个城市开了 80 家连锁店，旗下拥有了 2.8 万名员工，总资产达到 30 多亿元。李忠文的鞋店，大的单店面积超过 1 万平方米，小的也有 1000 多平方米，显得大气磅礴，气势非凡。

李忠文的生意做得简直是太顺了，顺得让别人眼红，顺得连他自己也好像是做梦一样。这时候的李忠文已经不仅是个亿万富翁，而且成为社会名流，被人誉为"中国鞋王"。过顺的境遇使得李忠文豪气暴涨。他宣称，到 2002 年，"百信鞋业"要在全国开 100 家连锁店，五年内跻身世界 500 强。就在李忠文宣称他的"百信鞋业"要在五年内跻身世界 500 强的时候，灾难来临了。

李忠文开鞋店，采用的是厂家先垫货商家后结款的运作模式。在"百信"起步的时候，李忠文的信誉非常好，说好 10 天给厂家结款就是 10 天结

款,最多不会超过 15 天。但是随着李忠文的信心暴增,短时间内一下开出几十家店,而且单店面积越来越大,最大的超过 1 万平方米。这些店铺占压了大量的资金,这使"百信"的资金始终处于极度紧缺的状态。

"百信"开始对厂家失信,结款的日期越来越长,厂家怨气日积月累。与此同时,"百信"在短时间内急剧膨胀,老板自身的知识积累和知识结构跟不上企业的发展,管理混乱不可避免。替李忠文打理在全国各地几十家店铺的亲戚朋友趁他一时分身乏术,开始公然地、大规模地损公肥私。同时劣质商品开始大量涌入"百信",顾客的不断投诉,引起政府管理部门的关注。因为产品质量问题,"百信"销售额急剧下降,使本已紧张的资金链进一步紧绷。

"百信"内外交困,李忠文看起来固若金汤的企业帝国变得岌岌可危。正在这时,百信一直存在的"偷逃税"事件被揭发出来,成为压折骆驼腰的最后一根稻草。随着由工商、税务、公安等部门联合组成的调查组进驻"百信东北分公司",被"百信"拖欠着上亿元巨额货款的各地供应商闻风而动,李忠文的"百信"帝国几乎是在一夜之间土崩瓦解。李忠文做的最后一件事就是,许下一大堆诺言,开出一大堆空头支票,然后逃之夭夭。2003 年 5 月 25 日,李忠文因空头支票的事在长沙被警方拘捕。

如火如荼的事业在李忠文的咋咋呼呼中瞬间坍塌,而他自己也落得锒铛入狱的下场。李忠文的教训是惨痛的,这就给我们大多数人敲响了警钟,在任何时候都不要头脑发热,都要切记低调为人的处世原则。唯有这样,才有可能在商场上独占鳌头,在官场上平稳晋升。

下面我们再看一个得势而更加谦虚、低调的例子。

三国时期曹操的著名谋士荀攸智慧超群,谋略过人,他辅佐曹操征张绣、擒吕布、战袁绍、定乌桓,为曹氏集团统一北方、建立功业做出了重要的贡献。

荀攸在朝二十余年,能够从容自如地处理政治旋涡中上下左右的复杂关系,在极其残酷的人事倾轧中,始终地位稳定,立于不败之地,就在于他能甘于淡泊缄默,为人低调。曹操有一段话形象而又精辟地反映了荀攸的这一特别的谋略："公达外愚内智，外怯内勇，外弱内强，不成善，无施劳，智可及，愚不可及，虽颜子、宁武不能过也。"

苟攸平时十分注意周围的环境，对内对外，对敌对己，迥然不同。参与军机，他智慧过人，连出妙策；迎战敌军，他奋勇当先，不屈不挠。对曹操敬重有加，对同僚不争高下、表现得总是很谦卑、文弱、愚钝、怯懦。有一次，他的姑表兄弟辛韬曾问及他当年为曹操谋取袁绍冀州的情况，他却极力否认自己的谋略贡献，说自己什么也没有做。他为曹操"前后凡划奇策十二"，史家称赞他是"张良、陈平第二"，但他本人对自己的卓著功勋却是守口如瓶，讳莫如深，从不对他人说起。他与曹操相处二十年，关系融洽，深受信宠，从来不见有人到曹操处以谗言加害于他，也没有一处得罪过曹操，使曹操不悦；建安十九年苟攸在从征途中善终而死，曹操知道后痛哭流涕，说："孤与苟公达周游二十余年，无毫毛可非者。"并赞誉他为谦虚的君子和完美的贤人。这都是苟攸不争高下，谦卑做人的结果。

《菜根谭》云："进步处便思退步，庶免触藩之祸；着手时先图放手，才脱骑虎之危。"意思是说，当事业正处顺境而趋于鼎盛期，应该及早做抽身隐退的准备，以免将来进退维谷无法脱身；当刚开始做一件事时，就应当预先计划好在什么情况下罢手，以后才不至于招致危险。

在追求成功的路上，我们要防止自满自足，要懂得居安思危、处进思退。如苏轼在《赠善相程杰》中所说的："心传异学不谋身，自要清时阅缙绅。火色上腾虽有数，急流勇退岂无人！"

唐朝郭子仪平定安史之乱的事迹大家都已熟知，但很少有人知道，这位功极一世的大将为人处世却极为小心谨慎。

唐朝末年藩镇割据，君臣互相猜忌，文臣武将人人自危。一些人因为怕引起别人的怀疑，恨不得一入深宅便与世隔绝，和谁也不相往来。

在众大臣中，唯有汾阳王郭子仪与众不同。郭府每天大门敞开，任人出入。部下的将官们来府中拜访，如果郭夫人和女儿正在梳妆，郭子仪就让这些将官们拿手巾打洗脸水，像对自家人一样支使他们。

郭子仪的儿子们也觉得父亲做得太过分了，劝他说："您功业显赫，但

不尊重自己,不管贵贱都随便进入你的卧室,古代的圣人也不会这样做。"

郭子仪笑着说:"你们怎么知道我的用意?我有战马500匹,部属仆从上千人,如果修筑高墙,关闭门户,和朝廷内外不相往来,倘若与人结下私怨,再有嫉贤妒能之人挑唆,那我们全家离大祸也就不远了。现在我坦坦荡荡,大门洞开,即便有人想谗言诬陷,又怎么能找到借口呢?"

郭子仪开门揖客,对一切都不存戒心的做法,果然令代宗皇帝对他深信不疑。

所以,事到得意处,便应转思退步,这是一种见好就收、豁达大度的胸怀,更是一种洞穿利害、以退让韬晦来谋求祸福转化的智能,是对利害祸福高瞻远瞩,而不执着于一时得失之中的达观。

要处进思退,有时不仅需要智能,更要敢于付出代价,有壮士断腕的勇气,曾国藩自请解散湘军,就是其处进思退的经典之作。

曾国藩是在清朝镇压太平天国起义的过程中崛起的,他编练湘军,在八旗军无能为力的时候独力支持局面,也因而在1861年11月受命统率江苏、安徽、江西、浙江四省的军政事务,四省的督抚以下的文武,都归曾国藩节制。曾国藩成为有清以来权力最大的汉族官僚。

太平天国起义被镇压下去之后,曾国藩被封为毅勇侯,世袭罔替。这时的曾国藩可谓功成名就,风光无限。但他头脑非常清醒,时时怀着戒惧之心,居安思危。

随着地位的节节上升,他并未飘飘然,相反却感到十分惶恐,他想得更多的不是安享成绩和名利,而是担心功高招忌,遭到兔死狗烹的厄运。他写信给其弟曾国荃,嘱劝其将来遇有机缘,尽快抽身隐退,方可"善始善终,免蹈大庆"。

曾国藩明白,太平天国被镇压下去之后,清廷已经对他多有猜忌,因为他拥有那么强大的一支军队,朝廷却难以不能指挥调动,满清大臣是不会放过这个问题的,如果让他们来解决,不仅湘军保不住,他自己的下场也难以预料。

于是,曾国藩主动上折给清廷,说湘军成立日久,已无昔日之生气,而且沾染了旧军队的恶习,奏请将湘军裁汰遣散。他想以此表示:曾某人无意拥军,不是个谋私利的野心家,是位忠于清廷的卫士。

同时,他在上奏中虽然请求遣散湘军,对他个人的去留问题却是只字不提。因为他知道,如果自己在奏折中说要求留在朝廷效力,上峰必有贪权恋栈之疑;如果在奏折中明确请求解职而回归故里,则会产生居功要挟或者认为他不愿继续为朝廷效力的猜疑。

正在朝廷捉摸如何解决这个问题时,曾国藩的主动请求,正中统治者们的下怀,于是下令遣散了大部分湘军。由于这个问题是曾国藩主动提出来的,因此在对待曾国藩个人时,仍然委任他为清政府的两江总督之职。

这也正是曾国藩自己要达到的目的。

处进思退并不是舍弃如荼的生活主流,更不是强求不食人间烟火的脱俗。而是一种率直的生活理性,一种近乎平淡却真挚的人生态度。

心灵悄悄话

不争高下,谦卑做人,初看起来好像比较消极。其实,它并不是委曲求全、窝窝囊囊做人,而是通过少惹是非、少生麻烦的方式更好地展现自己的才华,发挥自己的特长。

水满则溢，月盈则亏

别人有求于己，不要轻易答应。即使自己真的能办到，也不要将弓拉得太满，要给自己留些余地，否则，一旦事情办砸了，不仅自己脸上无光，还会落人埋怨。

某教授学识渊博，气质儒雅，颇令一拨拨的青年学子为之倾倒，真可以说是桃李满天下。在经商潮的冲击下，他也跃跃欲试地兼任了一个信息与广告咨询事务所的经理。

一天，某小杂志社的主编经人介绍来到教授家。教授热情而又不失礼地接待了他。一番寒暄过后，主编道出来意。原来，他们这个小杂志社有心搞一项文化活动，以扩大自己的影响和募集一些资金，想请他出面帮帮忙。

教授仔细询问了一番后，说："嗯，你们的想法很好，这样搞就对路子了，我愿意帮助那些有作为的年轻人。"接着他又蛮有把握地许诺说："我的学生中现在有许多已经是企业和一些部门的领导了，他们一向很尊重我，也非常关心和支持我现在搞的这摊事业。我请他们搞点赞助、广告什么的，估计不成问题。"

教授一次次地很有把握的一些话，使主编大喜过望，信心也立时大增，连忙动用各种关系，好话说了千千万，才有一些"德高望重"的名人答应来捧场。

正当主编只等教授拉来的赞助款一到，便要发布消息的时候，教授忽然销声匿迹了。可是，杂志社已经把各路菩萨一一拜到，却因"东风"不到计划搁浅，不但白白劳神费力搭钱，还得罪了一些名人。真是赔了夫人又折兵。无奈，这位主编只好自己收拾烂摊子。对于教授的失信，他是满腹的怨言。

教授呢？他的日子也不好过。事情虽然没办成，他的罪可一点儿也没少受，他向老朋友诉苦说："为拉赞助，我不知费了多少口舌，跑了多少路，好话说了几十车，把我的老脸都丢尽了！谁知那些人原来说得好好的，什么愿意给文化事业投点资吧，什么您出面我们还有什么可说的……可事到临头，该往外掏钱了，就又都变卦了！这下我倒好，成了猪八戒照镜子——里外不是人了！"

这是一个深刻的教训，那些**平时爱说大话，爱轻易许诺的人，一定要学会收敛，学会低调，千万不能为了显示自己的能耐而信口答应别人**。

当同事或亲友托你办某事时，当上司委托你做某事时，请你一定不要不假思索地满口应承。至少也要冷静 1 分钟，在大脑中转一个圈子，考虑这件事自己能不能办得到，办得好。把自己的能力与事情的难易程度以及客观条件是否具备结合起来统筹考虑，然后再做决定。

为同事或亲友办事，应该是自己应尽的责任，如果不帮他办，可能会感觉情理上不太对劲，有时事情尽管很难办，也不得不勉强答应；作为下级，对于上司委托给自己的事，虽然不乐意，但又不好拒绝。这种搪塞性的应承，可能会对自己产生不利。你可能没有考虑到，如果为了一时的情面接受自己根本无法做到或无法做好的事情，一旦失败了，同事、亲友、上司就不会考虑到你当初的热忱，只会以这次失败的结果来评价你。

心灵悄悄话

为了保险起见，即使自己有"金刚钻"，在说话做事时也要注意分寸，千万不能把话说得太满，以防一旦有什么变故，曾经夸下海口的事情不能办成，不仅自己脸上无光，还会落人埋怨。

第四篇

低调处世的学问

低调是一种胸襟。具有这种胸襟的人，注重的是长远，是大局，从不会因为眼前的小利而与人斤斤计较，也不会为了一时得失而毁坏大局。所以，隐忍是他们一贯的处世策略。豁达是他们一贯的做人风格。有些人往往一旦获得荣耀，就容易忘了自己是谁，并从此自我膨胀。这种心情是可以理解的，但旁人就遭殃了，他们要忍受你的气焰，却又不敢出声，因为你正在风头上。可是慢慢地，他们会在工作上有意无意地抵制你，让你碰钉子。因此有了荣耀时，要更加谦卑。当你获得荣耀时，对他人要更加客气，荣耀越高，头要越低。

遇事要留有余地

我们在办事、说话时，即使自己理直气壮也不能将对方逼入死胡同，这样不仅迫使对方做出极端的反抗，而且让自己也陷于绝境。由此可见，**办事、说话要考虑用全，有进有退，收放自如，机动圆活地处理和解决复杂多变的问题。**

驯鹿是狼群非常喜欢的食物，捕猎也比较容易。

但是，当驯鹿的数量减少时，狼群会尽量减少对驯鹿的捕杀，而是将目光转移到其他动物的身上。因为它们知道，在驯鹿数量急剧减少的情况下继续捕杀驯鹿，就很容易造成驯鹿的灭绝，以后它们就再也不能捕食到驯鹿了。

这是狼的一种生存智慧，但是也适用人类社会。低调的人深谙此理，所以当他们占据优势的时候，一定会考虑弱者一方的利益，以及对方利益的损害对自己的影响，绝不会为了眼前的利益，张扬姿态，使事情的发展走入极端。此外，他们还会留出时间冷静思考，认真分析各种可能发生的事情，以便有足够的条件和回旋的余地采取有效的应对措施。

韩国北部的乡村公路边有很多柿子园。金秋时节，在那里随处可以看到农民采摘柿子的忙碌身影。成熟的柿子先被摘下，未熟透的柿子依然要留在树上，直到成熟之后再进行采摘。但是，有些熟透的柿子直到整个采摘过程结束也不会被摘下来，这些留在树上的柿子成了一道特有的风景。

一些游人经过那里时都会说："这些柿子又大又红，不摘岂不可惜。"但是当地的果农则说："不管柿子长得多么诱人，也不会摘下来，因为这是留

给喜鹊的食物。"

听到这句话的人都这样认为，果农用柿子喂喜鹊，真是太傻了！

这时，车上的导游给大家讲了一个故事：

韩国北部的柿子园是喜鹊的栖息地，每到冬天，喜鹊们都在果树上筑巢过冬。有一年冬天，天特别冷，下了很大的雪，几百只找不到食物的喜鹊一夜之间都被冻死了。第二年春天，柿子树重新吐叶发芽了。

但就在这时，一种不知名的毛虫突然泛滥成灾。柿子刚刚长到指甲大小，就都被毛虫吃光了。那年秋天，这些果园没有收获到一个柿子。直到这时，人们才想起了那些喜鹊，如果有喜鹊在，就不会发生虫灾了。从那以后，每年秋天收获柿子时，人们都会留下一些，作为喜鹊过冬的食物。留在树上的柿子吸引了很多喜鹊到这里来筑巢过冬，喜鹊仿佛也会感恩，到了春天也不飞走，整天忙着捕捉果树上的虫子，从而保证了这年柿子的丰收。

我们在收获的季节里，别忘记留一些柿子在树上，因为给别人留有余地，往往就是给自己留下机会。 凡事总会有意外，留有余地，就是为了容纳这些"意外"，杯子留有空间，就不会因为加进其他液体而溢出来；气球留有空间便不会爆炸；人说话、做事留有余地便不会因为"意外"的出现而下不了台，从而可以从容转身。

总之，我们在办事、说话时都要留有余地，使自己不至于处于绝境，这样才能有进有退，收放自如。低调的人始终相信：给别人留有余地，也是在给自己留下空间。

心灵悄悄话

在与人相处时，难免会有利益冲突、情理摩擦，这个时候即使自己占有优势也不能将对方逼入死胡同，迫使对方做出极端的反抗，这样的结果反倒对双方都没有好处。如果给别人留有余地的话，自己也有了进退自如的空间。

淡泊名利，分享荣誉

名，是一种荣誉，一种地位。名还常常与利相连，有了名，就可能享受更大的权利；有了名，通常万事亨通。总之，名以及与之相连的利的确十分诱人，多少人立足于社会、搏击于人生的动力正来自于此。也许受着中国封建传统的"官本位"思想的影响，功名利禄成了许多人奋斗的目标，成为他们人生的目的。

既然现实生活如此严酷，那我们为什么不把名利看淡一些，为什么不能视名利如过眼云烟呢？懂得糊涂哲学的人会知道，生活的道路是很宽阔的，人生的价值并不全是能用名和利来衡量的，因此若想活得有滋有味，就应该在名利的砝码上减轻几分，看开名利，看淡名利，活出生活的本色来。

孟子曾经说过："**养心莫善于寡欲。其为人也寡欲，虽有不存焉寡矣；其为人也多欲，虽有存焉寡矣。**"意思是讲如果一个人心中的欲望是很有限的，那么对于他来说，外界获得的东西是多是少都与自己无关，少了不足以产生内心的不平衡，而多了也不会助长他的欲望。而若一个人充满着无尽的欲望，那么他永远也不会有舒心的时候。在名利的驱动下，很多人一心想着往上爬、挣大钱，而名利增长了以后，欲望再一次提升，如此循环下去，永远追求着名利，直至生命的尽头仍然得不到满足。孟子在这里对清心寡欲的好处和欲壑难填的弊端可真是论述得十分精当透辟。许多人知道北京故宫有个养心殿。养心为何？其实，一个人的精力是有限的，最易疲劳的是心，如果心灵得不到解脱，终日诚惶诚恐，终会有心衰力竭的时候；如果能淡化世间的功过得失，时常保持一种宁静的心态，那么我们就会有更充沛的精力去干自己应该干的事，而不会被外物役使而中断了自己的前程。

古语有云:**木秀于林,风必摧之;堆出于岸,流必湍之;行离于人,众必诽之。**在现实生活中,每每见到一些名人受到人群的围观骚扰,连散步、购物之类的基本行动自由都难以保证;至于因名声引来的各种各样千奇百怪的麻烦事乃至灾祸,在报刊上也时有所见。

"我的上帝,我此后的生活又将怎样呢?"

这是当时年仅 31 岁的李政道获悉自己荣获诺贝尔奖时发出的一声感叹。他当时的心情并不会如一般人所想象的那样,全是被欢欣与高兴所充斥,而是更长远地考虑到自己获奖之后的人生道路该怎样走。众多的事实表明,获奖尤其是获诺贝尔奖——举世瞩目的大奖,能使获奖的科学家在一夜之间成为人人皆知的名人,而这对于他们日后包括科学研究在内的各项人生抉择,都将产生很大影响。这种影响在负面上至少有这么几项:使获奖者与自己以往亲密的同事之间划出了一道鸿沟,造成了一定的距离;少数获奖后的科学家将主要精力转移到社会领域与政治活动中,自觉或不自觉地充当了社会贤明的角色;因为公众将他们视为权威,他们也不时遭受到名人所遭受的骚扰,对他们继续潜心于科学研究带来了不利影响。有位诺贝尔奖获得者曾这样回忆说:"我得奖的那一年真糟糕,得奖当然是好极了,但一年内我什么工作也没做。"

鲁迅先生曾有一句警世之言:"毁或无妨,举例可怕。"**如果不能正确对待名和利,或者说不能淡泊名利,那么已有的名利其反面效应也是相当危险的,尤其是对于那些人生观不太牢靠、在事业上浅尝辄止的人而言,很容易被捧杀,造成事业与人生的昙花一现。**

因此,我们要把名利看淡一些,当名利场中的过客。这主要包括三个方面:首先,对于不属于自己应得的名和利,绝不可要。如果做一个沽名钓誉者,即使能暂时获得某些大红大紫的得益和快意,日后真相大白时,也必然有无穷无尽的烦恼接踵而来;其次,对于那些勉强可以得的名和利,要有一种谦让的精神,将其推让他人,这既会增加同事间彼此关系的友好,又是个人具有自知之明的一种表现;再次,即使是自己应得的名和利,也要善于将其化为前进的动力,绝不能使之成为人生的负累、前进的阻力,也不能把名利当作炫耀的资本。我们知道,满桶水不响,半桶水晃荡,我们绝不能做"半桶水"。**须知天外有天,人外有人。**功成名就能有一种谦逊的态度,自觉地在名利场中做看客，则表明他有一种广阔的心境，自然能自得其乐。

《菜根谭》中说："**世人只知道拥有名声地位是令人快乐的事，却不知道没有名声地位的快乐才是真正的快乐；世人知道挨饿受冻是令人忧虑的事情，却不知道不愁吃不愁穿但精神上有某种痛苦才是真正的痛苦。**"这就告诉我们，平凡的人生才是幸福的人生，静静地生活，静静地享受，用不着去承受大起大落，也用不着去承受大富大贵。只可惜世人都不珍惜自己拥有的平凡生活，为名利终日忙碌、四处奔波，等真正明白什么是幸福时，已为时晚矣。世人不辞辛苦地为了更高的职务、更多的利益绞尽脑汁寻找达到目标的手段和妙方，殊不知这就在不知不觉中玷污了自己纯洁的心灵，即使是捞到了丁点名利上的好处，却已不受人喜爱，这才是真正的悲剧。尽管《菜根谭》中的观点有些明哲保身的消极思想，但其中也着实包含着一些为人处世的真知灼见。

为人处世，要注意彼此之间的和谐，互助与合作，功劳、荣誉不可独吞，应该共享，只有双赢才能长久，才能和谐，以后的路才会更好走。

美国有家家庭用品公司，自创建以来，生产迅速发展，其势头之强劲让许多同业的人深感望尘莫及。它经营的诀窍是什么？其奥秘就在于这家公司建立了利润分享制度，把每年所赚的利润，按规定的比例分配给每一个员工，这就是说，公司赚得越多，员工也就分得越多。员工明白了"水涨船高"的道理，人人奋勇，个个争先，积极生产自不待说。

经营者对公司的利润没有独自享用，而是让大家都尝到甜头，使得公司的业绩蒸蒸日上。这就是这家公司经营者的高明之处。经营者心里非常明白：一个人分享成果，是一种"吃独食"的心态，这样会引起其他人的反感。**正确对待荣誉的三种方法是：感谢、分享、谦卑。**

大到一个企业，小到一个团队、个人，道理都是一样的。当你在工作和副业上干出点名堂，小有成就时，这当然是值得庆幸之事，你也应当为自己高兴。但是有一点，千万不能忘记，如果这一成绩的取得是大家集体的功劳，或者离不开他人的帮助，那你千万别独占功劳，否则他人会觉得你好大喜功，抢占了他人的功劳，即使某项成绩的取得确实是你个人的努力，你也要学会低调一些，不要过分流露得意神色，要记得向周围的人多表示感谢。

有一位卡凡森先生很有精力，他是一家出版社的编辑，并担任下属的一个杂志的主编。平时在单位里上上下下关系都不错，而且他还很有才气，工作之余经常写点东西。有一次，他主编的杂志在一次评选中获了大奖，他感到十分荣耀，逢人便提自己的努力与成就，同事们当然也向他祝贺。但过了个把月，他却失去了往日的笑容。他发现单位同事，包括他的上司和属下，似乎都在有意无意地和他过意不去，回避着他。

卡凡森为什么会遇到这种结局？其实原因简单明了，他犯了"独享荣耀"的错误。就事论事，这份杂志之所以能得奖，主编的贡献当然很大，但这也离不了其他人的努力，他们当然也应分享这份荣誉。他们不会认为某个人才是唯一的功臣，总是认为自己"没有功劳也有苦劳"，所以这位主编"独享荣耀"，当然会引得别人不舒服，尤其是他的上司，更会因此而产生一种不安全感，害怕失去权力。

所以，当你在工作上有特别表现而受到肯定时，千万要记住一点——别独享荣耀，否则这份荣耀会给你的人际关系带来障碍。

当你获得荣耀时，应该做到以下几点：

1. 与人分享。

即使是口头上的感谢也是一种分享，而且你也可以扩大这种"分享"的对象，反正"礼多人不怪"！当然别人倒并不是非得要分你一杯羹，但你主动与人分享，这让旁人有受尊重的感觉，如果你的荣耀事实上是众人协力完成，那你更不应该忘记这一点。你可以采取多种方式与人分享，如请大家吃几颗糖，或请大家吃一顿饭。别人分享了你的荣耀，就不会和你作对了。

2. 感谢他人。

要感谢同仁的协助，不要认为这都是自己的功劳。尤其要感谢上司，感谢他的提拔、指导、授权。如果实情也是如此，那么你本该如此感谢；如果同仁的协助有限，上司也不值得恭维，你的感谢也有必要，虽然显得有点虚伪，但却可以使你避免成为他人的箭靶。为什么很多人上台领奖时，他们首先要讲的话就是："我很高兴！但我要感谢……"道理就是如此。这种"口惠而实不至"的感谢虽然缺乏"实质"意义，但听到的人心里都很愉快，

也就不会妒忌你了。

3. 为人谦卑。

有些人往往一旦获得荣耀，就容易忘了自己是谁，并从此自我膨胀。这种心情是可以理解的，但旁人就遭殃了，他们要忍受你的气焰，却又不敢出声，因为你正在风头上。可是慢慢地，他们会在工作上有意无意地抵制你，让你碰钉子。因此有了荣耀时，要更加谦卑。不卑不亢不容易，但"卑"绝对胜过"亢"，就算"卑"得过分也没关系，别人看到你如此谦卑，当然不会找你麻烦，和你作对了。

当你获得荣耀时，对他人要更加客气，荣耀越高，头要越低。另一方面，别老是提及你的荣耀，说得多了，就变成了一种自我吹嘘，既然你的荣耀大家早已经知道，那你何必要总是提及呢？

其实，别独享荣耀，说穿了就是不要去威胁别人的生存空间，因为你的荣耀会让别人变得黯淡，产生一种不安全感。而当你获得荣誉时，你去感谢他人、与人分享、为人谦卑，这正好让他人吃下了一颗定心丸，人性就是这么奇妙，没什么话好说。因此，当你获得荣耀时，一定要记住以上几点。如果你习惯了独享荣耀，那么总有一天你会独吞苦果！

心灵悄悄话

无论是官场还是生意场，或是其他社会圈子，成功者、青云直上者、名利双收者毕竟是少数，更多的是为名利所困扰、因过分追求而落败的悲剧。既然现实生活如此严酷，那我们为什么不把名利看淡一些，为什么不能视名利如过眼烟云呢？

戒除浮奢，自甘平淡

太把自己当回事的人，稍微取得些成就，就会觉得自己了不起，听得了赞扬，受不了批评。但是生活中除了鲜花和掌声，还有诘难和批评，如果高调唱惯了，就会忍受不了这些打击，从而一蹶不振。

人都喜欢受到别人的夸奖和追捧，尤其是那些在自己的行业中做得出色的人物，特别享受别人羡慕的眼光。可是老天也会捉弄他们，让他们在人前出丑，让他们难堪。这种情况很多人都遇到过。面对这种情况该如何处理呢？我们先来读一则故事。

阿龙是位艺术团的成员，在地方上很出名。有一次，他的朋友蒋天明邀请他参加一个艺术作品展览会，其中发生了这样一件事。

有几个十六七岁的小女孩拿着笔记本虔诚地要阿龙签名。对此，阿龙很高兴。

"我没有带钢笔，可以用铅笔吗？"这是阿龙故意的，他想通过这样的举动来说明他的谦虚和平易近人。

"当然可以。"小女孩们爽快地答应了，阿龙也看出她们很兴奋，当然她们的兴奋也使阿龙更加高兴。

当签到最后一个小女孩的时候，他在小女孩精致的笔记本上潇洒自如地写上了几句话，签上了他的大名。可令他伤心的事发生了，小女孩在看过笔记本后，皱起了眉头，然后问阿龙："你不是蒋天明啊？"

"哦，不是，我是艺术团的阿龙，在这儿多次演出过。"

小女孩不好意思地把头转向了另一个女孩，耸耸肩对另一个女孩说："莎莎，能把你的橡皮借我用用吗？"

那一刻阿龙所有的自负和骄傲瞬间化成了泡影。为此，他伤心了很长一段时间。在这段时间内,阿龙的事业、身体都受到了很大的伤害。当朋友蒋天明知道后立刻找到了他,并对他说了这样一段话:"越是杰出的时候越需要提醒自己保持谦虚、冷静。无论自己多么出色,别把自己太当回事,也别太在意他人羡慕的眼光。"

阿龙听了蒋天明的话,深深地对自己做了反省。一段时间后,阿龙恢复了当初的健康,在工作岗位上,更加努力,也更加优秀了。

阿龙转变前后,我们可以看到他心态的变化。刚开始他把自己看成是一个了不起的人,一个该受人崇拜的大明星,他站得太高了,所以发生签名这件难堪的事情时,他就无法接受。很多唱高调的人都是如此,太把自己当回事了,也太过自负了,所以当他们从高处摔下来的时候,往往会摔得很重,甚至是一蹶不振。赵本山的一句话说得很好:**"什么名人,那只是个人名!"**这句话说得很实在,道出了低调做人的一贯心态:不管自己多么出色,也不会太拿自己当回事。

三国时期蜀国名将蒋琬,很受诸葛亮器重。诸葛亮曾经大力向刘备举荐他,说:"蒋琬,社稷重器,非百里之才也。其为政以安民为本,不以修饰为先,愿主公重加察之。"诸葛亮常夸赞蒋琬的才能,说蒋琬是与他共同辅佐刘备的人才,并密奏刘备说:"臣若不幸,后事宜以付琬。"

蜀后主建兴十二年,诸葛亮死后,以蒋琬为尚书令,领益州刺史,不久迁大将军,录尚书事,封安阳亭侯,代替诸葛亮辅佐刘禅,统驭蜀军,对稳定由于诸葛亮去世而引起的混乱起了重要作用。延熙元年,加大司马,成为蜀汉政权级别最高的武官。

蒋琬出色的政治、军事才能,受到众人的称赞。但是蒋琬这个人却很低调,面对大家的夸奖,他本人却宠辱不惊,举止和往常一样,没有拿这些当回事。

督农杨敏私下诋毁蒋琬说:"做事愦愦,诚非及前人。"意思是说蒋琬昏庸糊涂,不如以前的诸葛亮。有人将杨敏的话告诉了蒋琬,也有人主张给杨敏治罪。蒋琬却说:"我确实不如诸葛亮,怎么能治杨敏的罪呢?"主张治杨敏罪的人说:"即使您不如诸葛亮,也不至于说您昏庸糊涂呀?"蒋琬说:

"我才能不如诸葛亮，却担任他所担任的职务，不可避免会出现理事不当。理事不当就是昏庸糊涂啊。"

不久，杨敏因其他事犯罪入狱，众人都认为蒋琬会乘机加害他，杨敏必死无疑。蒋琬却查明真相，使杨敏得以免除重罪，蒋琬豁达大度，赢得了上下的好评。

低调的人愿意自己像普通人一样生活，这不仅可以作为对自己的一种教诲，更是一种潜心暗行的修身之道。

王永庆是台湾最大的集团——台塑关系企业集团的董事长，也是台湾工业界的领袖，更是世界闻名的富豪。

但是这位富豪个人生活却十分节俭，甚至到了令人难以置信的地步。他每天坚持做毛巾操，所用的毛巾竟有 20 多年的历史。家里的肥皂也是要用完为止，即使剩下一小片，他也不会丢掉，而是将其黏附在大肥皂上使用。

他一般都在公司里吃午餐，不搞特殊化，吃的都是与一般员工一样的盒饭，他喜欢边吃边听员工的汇报。

招待客人时，王永庆也并不是到豪华大饭店里去大摆宴席，而是习惯在各分公司设立的招待所里设便饭招待。

大企业里的高层管理人员一般都配有轿车，但公司出于节约考虑，处长级和经理级都没有专车。并且一旦发现下属有铺张浪费的现象，就要严厉处罚。

像王永庆这样的富豪，一掷千金对他来说根本就不算什么，但他却不求奢华，保持常人的姿态，过着普通人的生活。**因为真正的成功人士是不需要用奢华来衬托自己的，一个人是否成功，人们看重的不是他的外表，而是事业。**

有一次，亨利·福特到英格兰去。他在机场问讯处找当地最便宜的旅馆。接待员看了看他——这是张著名的脸，全世界都知道亨利·福特。就在前一天，报纸上还有他的大幅照片说他要来了。现在他来了，却穿着一件很旧的外套，还要最便宜的旅馆。

接待员说："要是我没搞错的话，你就是亨利·福特先生。我记得很清楚，我看到过你的照片。"

那人说："是的。"

接待员非常疑虑，他说："你穿着一件看起来很旧的外套，要最便宜的旅馆。我也曾见过你的儿子上这儿来，他总是询问最好的旅馆，他穿的也是最好的衣服。"

亨利·福特说："是啊，我儿子是好出风头的，他还没适应生活。对我而言没必要住在昂贵的旅馆里，我在哪儿都是亨利·福特。即使是住在最便宜的旅馆里我也是亨利·福特，这没什么两样。这件外套，是的，这是我父亲的——但这没有关系，我不需要新衣服。我是亨利·福特，不管我穿什么样的衣服，即使我赤裸裸地站着，我也是亨利·福特，这根本没关系。"

至今还没有一个因为奢侈而成功的人，因为成功不在于享受了什么，而在于创造了什么，成功的意义不是去挥霍，越是富有的人往往越喜欢过平淡的生活。

巴菲特总是自己开车；衣服总是穿破为止；最喜欢的运动不是高尔夫，而是桥牌；最喜欢吃的食品不是鱼子酱，而是玉米花；最喜欢喝的不是 XO之类的名酒，而是百事可乐。

比尔·盖茨不喜欢穿名牌服装，不喜欢进大酒店，出差不坐头等舱，逛街喜欢去小商店。

看到这些富翁过着和平常人一样的生活，我们普通的老百姓又有什么可以炫耀的呢？也许有人认为，人生无常，只知奋斗不知享受生活的人其实很可怜，也会有人认为，为了一些身外之物弄得连命都丢了的人则是可悲的。

也许你是一个大忙人，为了要获得更多的财富，你不得不劳碌奔波，苦心经营。纵然你财运亨通，但你也许已筋疲力尽，耗费了许多精神。

北宋包拯有一首诗说："**清心为治本，直道是身谋。秀木终成栋，钢精不作钩。**"意思是要以淡泊名利做人，以廉洁耿直立身。这首诗确实是他一

生的写照。

包拯的廉洁之道在于"不取"二字。他生活很简朴，虽然官越做越大，但是身上穿的衣服、日常生活用品、饮食，都和当地老百姓一样。

端砚、湖笔、徽墨、宣纸被列为文房四宝中的极品。每年端州都要向朝廷贡奉一定数量的端砚。为了升官发财、办事行贿，历任端州知州都假借向朝廷上贡的名义，大肆向制砚者索要比贡数多几十倍的端砚，以巴结、贿赂朝中的权贵。包拯任端州知州后，对这一恶习深恶痛绝，决心根除弊端。他下令每年端砚的制造数量以朝廷所需数额为准，除此之外，制砚者多一方也不许造。到包拯任职期满，离开端州时，包拯没有带走一方端砚。

包拯不仅自己清正廉洁，而且严格约束属下，想方设法断绝他们的索贿之道。当时，按照旧的制度，凡是去官衙告状的人都不能直接来到公堂上诉，必须经过守门吏员的盘查和侮辱，所谓"有理无钱莫进来""阎王好见，小鬼难缠"，说的就是这种情况。包拯升任开封府尹后，下令大开公堂正门，让告状的人直接来到公堂上陈述是非曲直，吏员便没有机会欺诈侮辱那些来告状的人。

中国古语中"非淡泊无以明志"，是指养德方面；"非宁静无以致远"，是指修身治学方面；"夫学须静也，才须学也"，是求学的道理。也就是追求不苟求，既出世又入世。正是包拯清心淡泊，官居上品，为百姓做了无数好事，他才博得了一世的英名。只有对名利淡泊才能不为名利所累，潜心做自己认为有价值的事。

居里夫人和丈夫比埃尔·居里都是放射性元素的早期研究者，他们发现了放射性元素钋（Xo）和镭（Ra），并因此获得了 1903 年诺贝尔物理学奖。之后，居里夫人继续研究镭在化学和医学上的应用，并且因分离出纯的金属镭而又获得了 1911 年诺贝尔化学奖。

1895 年居里夫人和比埃尔·居里结婚时，新房里只有两把椅子。比埃尔·居里觉得椅子太少，建议多添几把，居里夫人却说："有两把椅子就够好了，如果椅子多的话，客人坐下来就不走啦，为了多一点时间搞研究，还是算了吧。"

从 1933 年起,居里夫人的年薪就已增至 4 万法郎,但她照样生活很节俭。她每次从国外回来,总要带回一些宴会上的菜单,因为这些菜单都是很好的纸片,在上面写字很方便。难怪有人说居里夫人一直到死都"像一个匆忙的贫穷妇人"。

有一次,一位美国记者寻访居里夫人。他走到一座渔家房舍门前,向赤足坐在石板上的一位妇女打听居里夫人的住处。当这位妇女抬起头时,记者大吃一惊:原来她就是居里夫人。

居里夫人天下闻名,但她却既不求名也不求利。她一生获得各种奖金 10 次,各种奖章 16 枚,各种名誉头衔 117 个。

有一天,她的一位朋友来她家做客,看见她的小女儿正在玩英国皇家学会刚刚颁发给她的金质奖章,于是惊讶地说:"居里夫人,得到英国皇家学会的奖章是极高的荣誉,你怎么能给孩子玩呢?"居里夫人笑了笑说:"我是想让孩子从小知道,荣誉就像玩具,只能玩玩而已,绝不能看得太重,否则就将一事无成。"

继居里夫人和她的丈夫获诺贝尔奖之后,由居里夫人培养成才的两对后辈也相继获得了诺贝尔奖:长女伊伦娜,核物理学家,她与丈夫约里奥共同获得诺贝尔化学奖。次女艾芙,音乐家、传记作家,其丈夫荣获 1956 年诺贝尔和平奖。

居里夫人淡泊处世,冷对人生,得而不喜,失而不忧的人生境界,值得我们学习。

现在是一个信息化的时代,也是一个充满诱惑的浮躁的时代,能够安静下来,看一本书,听一首歌、写一行诗,似乎都不容易。**人生在世,难免会被很多的事情所羁绊,很难达到心静的意境。其实这些浮躁的根源不是时代的本身,也不是琐事太多,而是我们对名对利看得太重而造成的结果。**

如果能把这一切看得平淡一些,就能找到让人心静的港湾。淡泊是一种从容,是对人生和世界深彻感悟的一种超越。再富有的人也是一日三餐,再贫穷的人也要活着。淡泊给予我们的或许不多,但是往往能把我们所必需的东西给予我们,名利给予我们的可能很多,但是却可能丢掉了我

们所必需的一些东西。

低
调
——
韬光养晦藏锋芒

低调的人总是能够达到淡泊名利的崇高境界，他们拥有包容宇宙的胸襟，拥有洞穿世俗的眼力。只有淡泊名利，才能成大器，才能攀上高峰！在物欲、名利横流的时代，我们更应守住淡泊，不被名利烦扰。

心灵悄悄话

真正的大人物都是如此，不管自己取得了多么大的成绩，不管自己如何的杰出，他们在成功之后，都会把起点归零，然后重新去创造辉煌，正是因为这种心态，他们的肩上不会背负赘余的东西，而能轻装前行、快步前进。只有生活低调的成功人士才懂得，人生之乐，不在于高官厚禄，不在于锦衣玉食，而在于平淡中的真实。追求成功是在追求一种人生价值，是在追求平常中的幸福，而不是奢华的物质生活。

功名皆为身后事

俗话说："人为财死，鸟为食亡。"古今中外，不知有多少人为了争名逐利，使自己背上了一生的污点，有的甚至丢了性命。

春秋时代，齐国有公孙无忌、古冶子、田开疆三名勇士，立下许多功劳。但这三个勇士自恃功劳过人，非常傲慢狂妄，就连国君也敢顶撞。

当时晏婴在齐国为相，对这三位非常担心。因为他们勇武过人，又缺少头脑，对国君也不够忠诚，万一受人利用教唆，则必成大患。晏婴便与齐影公商议，要设计除掉这三人。

一日鲁昭公来访，齐景公设宴招待，晏婴献上一盘新摘的鲜美的大桃子。

宴毕，还剩下两只桃子，齐景公决定将这两只桃子赏给臣子，谁功劳大就给谁。当然，这是晏婴的计谋。

若论功劳，自然是三勇士最大，但桃子只有两个。于是，三人各摆功劳，互不相让，都要争这份荣誉，其中两人竟先动起手来，一人失手杀死另一人后，自觉对不住朋友，自杀身亡，剩下的一位见闹成这个样子，为了两只桃子而死去两个，不愿独活，也当场自杀。

齐景公就这样去掉了心头大患。这就是历史上有名的《二桃杀三士》的故事。

功名一向是人们拼命追求的东西，真正把功名置于身后，是常人很难做到的，却也有人为了大局放弃了这一切。

在现实生活中，金钱和名誉常常被作为衡量一个人成功与否的标准，所以追求一定的名声、地位和金钱，已成为一种极为普遍的现象。在很多

人心目中,只有有了金钱和权力才算是实现了自身的价值。

事实上,能使一个人满足的东西可以很多也可以很少。人生天地之间,转瞬来去,就像是偶然登台、仓促下台的匆匆过客。

韩国前总统金大中说:"人的一生最好这样度过:既不因巨富而患得患失,又不因赤贫而劳碌衣食。做人,应把好金钱这一关。"可这样做起来却非常难,在人世当中,追求功名的人很多,上至达官贵人,下至黎民百姓,追求功名的人屡见不鲜,成为社会上的一种普遍现象。甚至有一部分人,为追名逐利,处处钻营,阿谀奉承,为满足自己的一官、一事、一职之贪而不惜血本。

电影明星成龙不仅以扮演一些侠义硬汉出名,也以敬业著称。他在由他主演的《新警察故事》记者招待会上的表现,让人赞不绝口。

成龙在招待会上,接受了众多媒体的采访。成龙的影片这次也一如既往,人气十足。前来采访的媒体很多。

细心的观众发现,成龙每次出现在摄像机前,都精神抖擞,积极配合地投入工作,丝毫没有大牌明星的慵懒与骄傲。他这种精神状态也影响了出席招待会接受采访的其他演员,他们都很配合采访,并在成龙的影响下表现得都很有亲和力。

记者问成龙为何精力如此充沛,应对如此众多的媒体采访他是怎样做到的。

他说:"我最多的时候一天接受79次采访,但是我告诉自己任何一次采访都要把它当作是今天的第一次采访,我要对得起喜欢我的观众。因此,我每次都能精神抖擞地投入到采访中来。"

作为一个成功的人,仅仅是做出成绩还是不够的,做出成绩之后如果开始自满,就无法继续进步。要取得进一步的成绩,还应该能把心态回归到零,并时刻准备着从头出发。

只有把心态放低,才能够不为自己的才华而感到不平,也只有这样,才能够专心地做普通的工作,才越容易做出成绩。有时就是这样,越是把心态放低,越是能获得意想不到的收获。

一个人越是把心态放低,就越容易快乐;心里想的是伤心的事,或总是把自已抬得太高,心情就会变得灰暗。**越是把自己看得很平凡,就越是能够具有顽强的生命力。**

温州商人就有这种把心态回归到零的精神。他们不怕失败,他们说:"就算输到底,大不了我还是草根族。"

正是这种置之死地而后生的精神,促使他们从一无所有到事业的成功。

对于任何人来说,从学校到社会都是一个很大的转变:当你第一次领到工资或奖金的时候;当你第一次感到自我价值实现的时候;当你第一次能够承担社会责任的时候;当你第一次做父母或领导的时候;但有一点我们不能变化,那就是我们还必须不断学习,还必须保持足够的好奇心和进取心,还必须保持一种从零开始的心态。

心态归零就是看将来不看过去,时刻把自己放在时代的时速表里来正确审视自己,定位自己,然后继续下去。

使心态归零的经验:

1. 客观冷静地看待过去。

对过去客观冷静地看待,也就是要正确认识过去、现在与未来的关系。过去的荣誉与挫折都已成为过去,如果不能时时准备归零,就会受荣誉所累,躺在光环里,停滞不前;如果不能时时准备归零,就会受挫折影响,挫伤锐气,影响现在。

2. 珍惜现在。

对现在的珍惜,就是无论现在你的工作是什么,你都能学到东西,都会有所收获。

只有对工作抱有珍惜的态度,我们才会不那么自以为是,才会从工作中学会别人没有看到的东西。

3. 有一颗平常的心。

其实,每一个人都掌握了一定的学识。

有过一些成功的经历,就好比水杯中已经蓄了很多的水。而当你接受新的工作和挑战时,你能否成功,取决于你是否能倒空你杯中的水,潜下心来从头做起,这需要一颗平常的心才能做到。

4.有一颗积极的心

把过去"归零",我们就不会成为职场上那只背着重壳爬行的蜗牛;把过去"归零",我们才能像天空中的鸟类那样轻盈地飞翔。因为在成长的道路上,当我们以"归零心态"去面对这个变化越来越快的世界时,我们就会抱着一种学习的态度积极去适应新环境,接受新挑战,创造新成果。

心灵悄悄话

功名可求不可贪,低调的人总是把精力放在做实事上,不会去用钱谋取权力,也不会用权去换取金钱。因为只有把精力投放到现实生活当中,踏踏实实走路,老老实实做人,摆脱贪权求荣的束缚,才会活得更有意义,人生才会更丰富多彩。

心灵的望远镜

高尔基说过："目标愈高远，人的进步愈大。"

人应该拥有一个高远的目标，即企图心，才能燃起极大的热情。同时，由于有了远大的目标，人生才能极大发展。

我们都有这样的体会，当确定只走 10 公里路程，走到七八公里处便会松懈而感到很累，因为目标快到了，但如果要求走 20 公里，那么，在七八公里处，正是斗志昂扬之时。

有经验的射手都知道，要想射中靶心绝不能瞄准靶心，而要瞄准靶心以上的位置。这就是"取法于上，仅得其中，取法于中，仅得其下"的道理。

就最高目标本身来说，即使没有达到，也比那完全达到了的较低的目标，具有更大的价值。目标必须给心智留有较大的空间，我们才会拥有更大的热情，才可以追求更大的成功和幸福。

幸福来源于为事业的成功而奋斗，而事业成功的首要前提是立志，立下远大而实际的志向。远大的志向，是人的生命之光，是人的精神动力。

人类历史表明，人类要生存和发展，达到改造自然、改造社会和改造自身的目的，就需要归助于某种精神力量的鼓舞和指导，这种精神力量之一就是远大志向。俗话说："有志者，事竟成。"这里的志，是大志，是雄心壮志，是崇高的理想。

所谓大志，应该是人们在实践过程中逐步形成的人生奋斗目标。它应该是符合事物发展规律、经过努力可以实现的。志向是人们追求中的目标，奋斗中的理想。

立志和幸福是紧密联系的。每个人毕生都会思考这样一个问题：人生的价值是什么？如何生活才是幸福？一个人只要树立了远大的志向，他就会把远大志向的实现，视为人生的价值和幸福。因此，卡耐基认为，远大志

向是对幸福的憧憬、向往和追求,幸福是远大志向的实现。志向的实现是令人神往的,是幸福的,而对志向的追求则能唤起人们的极大热忱,获得精神上的充实感,这本身也是一种幸福。无数仁人志士为了追求和实现远大的奋斗目标,甘愿承担艰难困苦,他们以苦为乐,乐在苦中。而那些没有远大志向的人,浑浑噩噩的生活,白白地浪费自己的一生。在他们的生活中也许没有多大的痛苦,然而,他们并没有真正的幸福。

心灵悄悄话

离开了追求和奋斗。就无所谓志向。远大志向,总是同未来相联系的,是对未来可能的构想、预想和追求。但这种构想、预想,不同于毫无根据的空想。正确的志向具有现实可能性,经过努力能够转化为现实性的东西。空想由于不是建立在事物的客观规律性认识的基础上,因而是脱离实际的主观臆想,它不可能转化为现实。

低调非器小

斤斤计较就是在自找麻烦,既烦恼了别人,也给自己的心情蒙上了愁云。为什么不看开一点,以豁达的心胸去包容,这样于人于己都会有莫大的好处。

1898 年冬天,幽默大师威尔·罗吉士继承了一个牧场。有一天,他养的一头牛,冲破附近一户农家的篱笆偷吃玉米,最后被农夫杀死,以当地牧场的共同约定,农夫应该通知罗吉士并说明原因,但是农夫没有这样做。

罗吉士知道这件事后,非常生气,于是带着用人一起去找农夫理论。

此时,正值寒流来袭,他们走到一半,人与马车全都挂满了冰碴儿,两人也几乎要冻僵了。

好不容易抵达木屋,农夫却不在家,农夫的妻子热情地邀请他们进屋等待。罗吉士进屋取暖时,看见妇人十分消瘦憔悴,面且桌椅后还躲着 5 个瘦得像猴子的孩子。

不久,农夫回来了,妻子告诉他:"他们可是顶着狂风严寒而来的。"罗吉士本想开口与农夫理论,忽然又打住了,只是伸出了手。

农夫完全不知道罗吉士的来意,便开心地与他握手、拥抱,并热情邀请他们共进晚餐。

这时,农夫满脸歉意地说:"不好意思,委屈你们吃这些豆子,原本有牛肉可以吃的,但是忽然刮起了风,还没准备好。"

孩子们听见有牛肉可吃,高兴得眼睛都发亮了。

吃饭时,用人一直等着罗吉士开口谈正事,以便处理杀牛的事,但是,罗吉士看起来似乎忘记了,只是与这家人开心地有说有笑。

饭后,天气仍然相当差,农夫一定要两个人住下,等明天再回去,于是

罗吉士与佣人在那里过了一晚。

第二天早上，他们吃了一顿丰盛的早餐后，就告辞回去了。回家的路上，用人忍不住问他："您不是打算讨公道吗？"罗吉士笑着说："那是原来的打算，当我看到那一家人后，我就不想再追究了，太小心眼了没什么好处！"

罗吉士虽然失去了一头牛，但是他却度过了一个美好的晚上，感受到了农夫一家人的热情和这个家庭的温馨。这段经历让他明白了一个道理：**一个人总是斤斤计较的话，做人也不会开心，生活中的一些小事根本就不值得太过于计较。**

李大妈早年丧夫、无儿无女，可能就是因为这个原因，李大妈的脾气暴戾、偏激、狂躁、喜怒无常。

老郑和老吴是李大妈的邻居。因为李大妈极坏的禀性，她和老郑、老吴的关系处得很别扭。老郑和老吴也因为有李大妈这样的邻居而沮丧不已。

但老吴和老郑二人的性格截然不同。老吴豁达开朗，凡事想得开；而老郑则有点心胸褊狭，爱走极端。因此二人虽生活在同一个环境中，表现却大不一样：老吴整天乐呵呵的，老郑却一天到晚吊着脸，一副快快不悦的样子。

一天，李大妈的一只乌鸡不见了，她便在自家院里跳着脚骂。骂声很大，邻居老吴和老郑都听见了。

老吴想："她没点名骂谁，咱也没干那亏心事，与咱毫不相干。"仿佛没听见骂声似的。

而老郑则不一样。他虽然也没干亏心事，却气得吃不下饭，睡不着觉，不几天便病倒了。

几天以后，李大妈在她家的草堆中发现了死鸡。原来乌鸡觅食钻到了草堆下面，它还没出来，李大妈便在外面放了一担柴火，把那个出孔堵住了，以致它饿死在里面了。

李大妈有些内疚，便找老吴和老郑道歉。老吴听后说："我没什么，一点都没生气，你找老郑道歉去吧！"李大妈诚恳地向老郑做了解释和道歉。

老郑听后,心中的怨气慢慢地消了,过了几天,就能起来行走,身体慢慢地恢复了。老郑这时才明白:"唉,都是自己小心眼造成的,咱要像人家老吴,还生哪门子气呢?"

小心眼的老郑经过这场大病明白了心胸豁达的重要性。想必以后在他的脸上愁云会一扫而光,取而代之的是乐观豁达的笑容。

世界上的人和事不会尽善尽美,生活也不会事事如意,这就是人生的本来面目,正是因为如此,人类也才会不断追求、不断进取;人生也才会变得厚重而有意义。

心灵悄悄话

　　宽厚待人、容纳别人,无论是对你的事业还是你的家庭都是十分重要的。生活中,如果你能始终以宽容、豁达的心胸对待别人,不去过多地计较你的得失,那么你就会减少许多的敌人,增加更多的朋友。生活中也会平添很多欢笑和幸福。

上善若水，以柔克刚

在敌人面前低身，在坏人面前忍耐，这是很多人宁可落得一败涂地也不愿为之的事情。但是低调的人却不这样想，他们暂时的隐忍，并不表示屈服，而是为了积蓄力量，等待时机，以便给对手强烈的反击。

当自己的力量不足以与人抗衡时，这时就需要有效地把自己的实力和意图隐藏起来，等待机会，即韬光养晦。**韬光养晦是以一种低调的方式，或是对敌人委婉和顺但不因循，或是隐蔽藏匿毫不显露，或是欺骗敌人使自己不受损失。用这些方式保存自己，以待反抗的时机。**

唐代武则天专权时，为了给自己当皇帝扫清道路，先后重用了武三思、武承嗣、来俊臣、周兴等一批酷吏。以严刑峻法、奖励告密等手段，实行高压统治，对抱有反抗意图的李唐宗室、贵族和官僚进行严厉镇压，先后杀害李唐宗室贵戚数百人，接着又杀了大臣数百家，至于所杀的中下层官吏，就多得无法统计。

武则天曾下令在都城洛阳四门设置"瓯"（意见箱）接受告密文书。对于告密者，任何管员都不得询问。告密核实后，对告密者封官赐禄。告密失实，并不受罚。这样一来，告密之风大兴，不幸被株连者不下千万，朝野上下，人人自危。

一次，酷吏来俊臣诬陷平章事狄仁杰等人有谋反行为。来俊臣出其不意地先将狄仁杰逮捕入狱，然后上书武则天，建议武则天下旨诱供，说什么如果罪犯承认谋反可以减刑免死。狄仁杰突然遭到监禁，既来不及与京里人通气，也没有机会面奏武后，说明事实，心中不由焦急万分。

审讯的日子到了，来俊臣在大堂上读武则天的诏书，就见狄仁杰已伏地告饶。他趴在地上一个劲地磕头，嘴里还不停地说："罪臣该死，罪臣该死！大周革命使得万物更新，我仍坚持做唐室的旧臣，理应受诛。"狄仁杰不打自招的这一手，反倒使来俊臣弄不懂他到底唱的是哪一出戏了。既然狄仁杰已经招供，来俊臣将计就计，判他个"谋反属实，免去死罪，听候发落。"

来俊臣退堂后，坐在一旁的判官王德寿悄悄地对狄仁杰说："你也要再诬告几个人，如把平章事杨执柔牵扯进来，就可以减轻自己的罪行。"狄仁杰听后，感叹地说："皇天在上，厚土在下，我既没有干这样的事，更与别人无关，怎能再加害他人？"说完一头向大堂中央的顶柱撞去，顿时血流满面。

王德寿见状，吓得急忙上前将狄仁杰扶起，送到旁边的厢房里休息，又赶紧处理柱子上和地上的血渍。狄仁杰见王德寿出去了，急忙从袖中抽出手绢，蘸着身上的血，将自己的冤屈都写在上面，写好后，又将棉衣撕开，把状子藏了进去。一会儿，王德寿进来了，见狄仁杰一切正常，这才放下心来。

狄仁杰对王德寿说："天气这么热了，烦请您将我的这件棉衣带出去，交给我家里人，让他们将棉絮拆了洗洗，再给我送来。"王德寿答应了他的要求。

狄仁杰的儿子接到棉衣，听到父亲要他将棉絮拆了，就想：这里面一定有文章。他送走王德寿后，急忙将棉衣拆开，看了血书，才知道父亲遭人诬陷。他几经周折，托人将状子递到武则天那里，武则天看后，弄不清到底是怎么回事，就派人把来俊臣叫来询问。来俊臣做贼心虚，听说武则天要召见他，知道事情不好，急忙找人伪造了一张狄仁杰的"谢死表"奏上，并编造了大堆谎话，将武则天应付过去。

又过了一段时间，曾被来俊臣妄杀的鸾台侍郎、同平章事乐思晦的儿子也出来替父申冤，并得到武则天的召见。他在回答武则天的询问后说："现在我父亲已死了，人死不能复生，但可惜的是法律却被来俊臣等人给玩弄了。如果太后不相信我说的话，可以吩咐一个忠厚清廉、你平时信赖的朝臣假造一篇某人谋反的状子，交给来俊臣处理，我敢担保，在他酷虐的刑讯下，那人没有不承认的。"

武则天听了这话，稍稍有些醒悟，不由想起狄仁杰之案，忙把狄仁杰召来，不解地问道："你既然有冤，为何又承认谋反呢？"

狄仁杰回答说："我若不承认，可能早死于严刑酷法了。"

武则天又问："那你为什么又写'谢死表'上奏呢?"

狄仁杰断然否认说："根本没这事，请太后明察。"

武则天拿出"谢死表"核对了狄仁杰的笔迹，发觉完全不同，才知道是来俊臣从中做了手脚，于是，下令将狄仁杰释放。

忍，是经受磨难的良方。忍人一时之疑、一时之辱，一方面是脱离被动的局面，同时是一种对意志、毅力的磨炼，为日后的发愤图强和励精图治奠定基础。

20世纪80年代，加拿大前总理特鲁多在下野后向邓小平请教复出的"秘诀"，邓小平的答案是"忍耐和信仰"。正是凭着这个"秘诀"，他三次被打倒，三次复出，被西方人称为"打不倒的东方小个子"。忍可以顶得住任何困难的磨砺，可以经得起任何风雨的冲击。

忍，是一种韧性的战斗，是一种永不败北的做人策略，是战胜人生危难和险恶的有力武器。正是这个"忍"字，使一度被打倒的邓小平三度复出，也正是这个"忍"字，教会了加拿大那位前总理人生的秘诀，使他在下野以后又重新焕发了政治生机，重新获得了总理的宝座。

春秋时的越王勾践曾被抓做人质，去给吴王夫差当奴役，从一国之君到为人仆役，这应该是最大的羞辱了。但勾践忍了。是甘心为奴吗? 当然不是，他是在伺机复国报仇。

到吴国之后，他住在山洞石屋里，夫差外出时，他就亲自为之牵马。有人骂他，他也不还口。

一次，吴王夫差病了，勾践在背地里让人预测一下，知道此病不久便可痊愈。于是，勾践去探望夫差，并亲口尝了尝夫差的粪便，然后对夫差说："大王的病很快就会好的。"夫差就问他为什么，勾践说道："我曾经跟名医学过医道，只要尝一尝病人的粪便，就能知道病的轻重，刚才我尝大王的粪便味酸而稍有点苦，所以您的病就会好的，请大王放心!"果然，没过几天夫差的病就好了，夫差认为勾践比自己的儿子还孝敬，很受感动，就把勾践放回了越国。

勾践回国之后，依旧过着艰苦的生活，因为国力太弱，他要养精蓄锐，报仇雪耻。他睡觉时不铺褥子，而是铺些柴草，还在房中吊了一个苦胆，每天尝一口，为的是不忘所受的苦。

吴王夫差放松了对勾践的戒心，勾践开始恢复国力，厉兵秣马。终于，两国在五湖决战，吴军大败。勾践率军灭了吴国，活捉了夫差，正所谓"苦心人，天不负，卧薪尝胆，三千越甲可吞吴"。

勾践所受之辱，可以说是达到了极点。以前他胆小怕事，委曲求全，后来却一鸣惊人。一软一硬，都是从国家大计出发。如果只争一时之气，不顾后果，则会使自己完全丧失实力，那又能算得上什么真正的英雄。

人的一生中，总会遇到各种各样的困难、挫折，无论是来自自身的，还是来自外界的，都会给我们造成麻烦。能不能忍受一时的不顺，就要看我们是否有雄心壮志。一个真正想成就一番事业的人，志在高远，不以一时一事的顺利和阻碍为念，也不会为一时的成败所困扰。**面对挫折，忍辱负重，锐意进取，这是一种积极的人生态度。**

面对人生逆境，我们应该把它看成一个促使自己身心成熟、准备大展宏图的好机会。当年司马迁遭受宫刑之后，忍受身心上的巨大折磨，才完成旷世之作《史记》。正是这一极高的"忍"字功夫，使很多成功的人士成就了一般人所不能成就的伟业。低调的人懂得在复杂的社会中碰到不利的环境时，采取忍的策略，宁可吃眼前亏，也不急躁冒进。

如何才能达到"忍"的最佳境界？

1. 经常明确目标的存在，使自己为了达到这个目标，不断地提高运用头脑分析问题的能力。

2. 尝试着去了解自己做每一件事情的意义所在。

一旦能够理解以后，对工作所持的态度，就会从"应该做"进入"必须做"这种积极性的意识形态。

3. 培养安于困境的习惯。

4. 一个人在面对困难的处境时，常常会表现出逃避的倾向。但是为了能够自我控制，就必须忍耐这种困境所带来的痛苦。

这样，时间一久，就会在不知不觉间，培养出一种安于困境的耐力。

5. 学习抑制冲动的情绪。

这件事,似乎很难。但是,只要我们稍微地加以分析,抑制冲动的情绪,有时也会很简单。不过,对于比较强烈的冲动或欲望,还是应该选择一个适当的时机,使它们有机会尽量地发泄出去。

心灵情话

> 忍耐住刚强直率的性格与对手周旋,是斗争中的良策,因为以硬碰硬,会让自己吃大亏,这样做无论从哪方面来讲都是不明智的。低调的人不会轻举妄动,而是通过筹谋妙算,迷惑、麻痹敌人,选择退让、隐忍,让自己的目的藏而不露,然后伺机而动,最终取得胜利。

谦让为怀，吃亏是福

在利益面前，不顾一切争抢，生怕自己吃亏，这是很多人的一贯做法。殊不知，这种做法得来的结果很有可能是争来了"芝麻"却丢掉了"西瓜"，是一种最不明智的行为。**低调的人一贯坚持在利益面前谦让为怀，结果反而获得了更大的福气。**

低调的人对待得失，喜欢用这样一句话来说："吃亏就是占便宜。"很多人对此不解，面对利益，谁不是争先恐后去抢，有谁会再三谦让、甘愿吃亏呢？对于"吃亏是福"的理论，他们更是不愿苟同。

邓绥是东汉和帝刘肇的皇后，她自幼性格柔顺，甘愿委屈自己以宽慰他人。她5岁的时候，有一次，祖母为她剪发，由于老眼昏花，不小心将邓绥的额头碰破，邓绥强忍着疼痛，一声不吭，别人问她："你这样做，难道不知道疼吗？"邓绥答："不是不知道疼痛。祖母疼爱我，为我剪发，我若喊痛，就会伤她老人家的心，所以我忍住了。"这件事反映出邓绥谦卑待人的品格。

东汉永元七年邓绥被选入宫，成为和帝的贵人。第二年，另一个贵人阴氏身为贵戚被立为皇后，从此，邓绥格外谦卑小心，一举一动皆遵法度，对待与自己同等身份的人，邓绥常常克己下之，即使是宫人隶役，邓绥也不摆主子的谱。有一次，邓绥得了病。当时宫禁甚严，外人不能轻易进宫，和帝特别恩准邓绥的母亲兄弟进宫照顾，并且不做时间上的限制。邓绥知道后，便对和帝说："宫廷禁地，对外人限制极严，而让妾亲久留宫内很不合适，人家会说陛下私爱臣妾而不顾宫禁，也会说我受陛下恩宠而不知足，这对陛下和臣妾都没有好处，我真不愿意您这样做。"和帝听后非常感动，说："别的贵人都以家人多次进宫为荣，只有邓贵人以此为忧，这种委屈自己的

做法是别人比不了的。"从此对邓绥更加宠爱了。

邓绥得到和帝越来越多的宠爱,不但没有骄傲,反而更加谦卑。她知道皇后阴氏的脾气,也隐隐约约感到阴氏对她的忌恨,所以对阴氏更加谦恭,每次皇帝举行宴会,别的嫔妃贵人都竞相打扮,金簪耀目,玉珥放光,服装艳丽。只有邓绥独穿素服,丝毫没有装饰。当她发现自己所穿的衣服颜色有时与阴氏相同时,立即就会更换。若与阴氏同时晋见,从不敢坐正座。和帝每次提问,邓绥总是让阴氏先说,从不抢她的话头。

邓绥以自己的谦恭,进一步赢得了和帝的好感,也反衬出皇后阴氏的骄横。面对邓绥的地位一天比一天高,自己一天天失宠,阴氏十分恼怒。永元十四年阴氏制造巫蛊之术,企图置邓绥于死地,不料阴谋败露,阴氏被幽禁,后忧愤而死。

阴氏死后,和帝有意立邓绥为皇后。邓绥知道后,自称有病,深处宫中不露,以示辞让。这下反而坚定了和帝立后的决心,他说:"皇后之尊,与朕同体,上承宗庙,下为天下之母,只有邓贵人这样有德之人才可承当。"永元十四年冬,邓绥终于被立为皇后。

邓绥是一个低调的人。她的以谦让为怀的态度赢得和帝的宠爱,当上了皇后;而阴氏骄横,吃不得眼前之亏,结果却是失宠、愤愤而死。从这个事例中,我们是不是可以看到吃亏是一种福气呢?

对于个人来说,吃亏是福。对一个团体来讲,如果人人都能做到谦让为怀,那么换来的将是整个团队的福气。

春秋时代,晋国和齐国在鞍大战,战斗进行得异常激烈,最终晋军大败齐军。晋军凯旋时,副帅士燮最后进入国都,他的父亲说:"你不知道我盼望你吗?为什么不能早点回来?"士燮说:"一般军队胜利归来,国内的人们必然热情欢迎。如果先回来,一定会特别引人注意,这岂不是要代替主帅领受殊荣吗,因此,我不敢先回来。"父亲对他的做法很赞赏。

论功行赏时,晋景公对统帅郤克说:"这次我军大胜是你的功劳啊!"郤克回答:"这完全是君王的训教和几位将帅的功劳,我有什么功劳呢?"晋景公称赞士燮的功劳与郤克同样大。士燮说是听从荀庚命令、接受郤克统率的结果。景公称赞栾书，栾书说："这次胜利有赖于士燮的指挥和士兵的奋力作战。"晋军将领互相谦让、推功及人的美德反映了他们团结协作、共同战斗的精神，这正是大败齐军的关键所在。几年以后，晋军主帅战死。晋侯检阅军队，派遣士燮率领中军，士燮辞谢了，他说："荀偃比我强，请派荀偃吧。"于是让荀偃率领中军，士燮辅佐。晋侯又派韩起率领上军，韩起要让给赵武，晋侯就派遣栾黡，栾黡推辞说："我不如韩起，韩起愿意让赵武在上。君王还是听从他吧。"于是赵武率领大军，韩起辅佐。

晋国的将帅在名利面前互相礼让，晋国百姓也因此而团结一心，几世受益。**谦让以功，谦让以利，谦让以位，这是个人品质高层次的表现，这种品德使国家安、人民安，也会为自己赢得世人尊重。**

在利益面前，处处谦让为怀，礼让别人，则会收获福气，赢得尊重，当然也会获得大的利益。

心灵情情话

吃亏到底是不是福？这个问题就看你如何对待了。如果我们只专注眼前，吃亏确实不是一件好事，但是从长远来看呢？吃亏者，人们会为其度量而赞赏，因其人格魅力而折服！吃亏者，能让人觉得有度量而加以敬重，反而会给自己带来不尽的福气。

第四篇　低调处世的学问

163

低调化怨气为祥和

　　大家大概都知道"完璧归赵"和"渑池之会"的故事,在秦、赵这两次重大的外交斗争中,蔺相如甘冒生命危险保全赵国的尊严,未使赵国陷入被动的局面,功劳很大。为此,赵王拜他为上卿,位置比廉颇还高。廉颇很不服气,到处跟人说:"我为赵将,有攻城野战之大功,蔺相如徒以口舌为劳,而位居我上,且相如素贱人,吾羞,不忍为之下。"还说如果碰见了他,必定要当面侮辱他。在廉颇看来,只有武将的刀枪拼战才算功劳,文臣的智谋勇敢算不了什么。所以,他屡次向蔺相如挑衅。

　　听说了廉颇的不满,每次蔺相如驾车出门,远远地看见廉颇,就早早地躲开了。这样时间一久,连蔺相如的门客从人都觉得他太窝囊,忍受不了。一天,他们对蔺相如说:"我们背井离乡,不远千里投到您的门下,是因为仰慕您的为人。如今,您的官位比廉颇要高,反倒这样惧怕他,真不知是什么原因? 您这样胆小懦弱,连我们都感到羞耻,还是让我们回家算了。"

　　蔺相如不慌不忙地问众人:"各位看廉将军与秦王比起来,哪个更可怕?"众人都奇怪地说:"廉将军当然没有秦王可怕!"蔺相如又说:"这就对了。试想秦王那么强大,各国诸侯都畏之如虎,我却敢在朝廷上当众责骂他。我蔺相如虽然没有什么大本领,还不至于如此惧怕廉将军。只是我考虑到,强横的秦国之所以不敢来侵犯我们赵国,其原因就在于我们两人能够同心协力地对付秦国。如果我们两人争斗起来,那就必定给秦国造成可乘之机。我之所以这样对待廉将军,是以国家的安危为重,不计较个人的私仇啊!"

　　这些话很快就传到了廉颇的耳朵里。廉颇听后恍然大悟,既感动又惭愧。于是,到蔺相如门上"负荆请罪"。从此"将相和",两人相互理解尊重,结成生死之交。

蔺相如是一个具有远见卓识的政治家，面对廉颇的多次羞辱，能够理智地克制自己的情绪，一再退让，低调行事，终用一片至诚化解矛盾，求得相睦，留下了一段"将相和"的千古美谈。

同僚之间为了利益分配不均，常常是怨气不休。邻里之间也是一样，也会因为一些微小利益而互生怨恨，吵闹不休，要想有一个和谐的邻里关系，互相宽容、低调处理也是一个有效的解决之道。

清朝乾隆年间，郑板桥正在外地做官。忽然有一天，收到在老家务农的弟弟郑墨的一封来信。弟兄俩经常通信，然而这一次却非同寻常。原来弟弟想让哥哥出面，到当地县令那里说说情。这一下子弄得郑板桥很不自在。郑墨粗识文墨，原本不是个好惹是生非之徒，只是这次明显受人欺侮，心里的怨恨实在咽不下去。原来，郑家与邻居的房屋共用一墙。郑家想翻修老屋，邻居出来干预，说那堵墙是他们祖上传下来的，不是郑家的，郑家无权拆掉。其实，这契约上写得明明白白，那堵墙是郑家的。邻居借光盖了房子。这官司打到县里，尚无结果，双方都难免求人说情。郑墨自然想到了做官的哥哥。想来有契约在，再加上哥哥出面说情，官官相护嘛，这官司就必赢无疑了。郑板桥考虑再三，觉得自己在朝为官，如果以势压人的话，虽然官司打赢了，与邻居家的和气肯定是要被破坏了，得不偿失。与其这样不如就低调一些，谦让一些。

于是，他给弟弟写了一封劝他息事宁人的信，同时寄去了一个条幅，上面写着"吃亏是福"四个大字。同时又给弟弟另附了一首打油诗：

"千里告状为一墙，让他一墙又何妨；
万里长城今犹在，何处去找秦始皇。"

郑墨接到信，羞愧难当，当即撤了上诉，向邻居表示不再相争，那邻居也被郑氏兄弟一片至诚所感动，表示也不愿继续闹下去。于是两家重归于好，仍然共用一墙。这在当地一直传为佳话。

在这场争墙纠纷中，郑板桥虽然身为官吏，但却没有以势压人，因为那样将会使两家永结仇恨，实在不是上策。为了化解两家的怨气，他让弟弟退让一步，最终终于换来了两家的和睦相处。

实质上，人与人之间相处，即使你再谨慎小心，也有可能会触及别人的利益，使人心生怨气。在这种情况下，不管你有理无理，都不要与对方针锋相对，最好的办法就是低调处理，要谨记这样一个原则：**万事以和为贵**。

心灵悄悄话

和气的人际关系是一个人立足社会的根本。低调的人总是以和为重，从不感情用事，更不暴躁行事。当他们与滋事的人相遇时，也总能平静地化戾气为和气，在心平气和中解决问题。

弯身终为出头日

有人说：**"学校是象牙塔，社会是大染缸。"**很多刚从学校毕业参加工作的大学生也深有此感。面对社会上的一些现象，他们总是看不惯，自己是堂堂的大学生，怎么能和那些人同流合污呢？所以，他们虽然有才干、有热情，但是一腔热血却没有挥洒的空间。

张某是学经济的，大学毕业后，分配在省城的一所大学里教书，虽然已在省城安家立业，但每年都要回一次老家。每一次回家，他的心灵就被震撼一次，改革开放这么久了，家乡的山依旧荒芜，乡亲们的生活依旧贫困。

张某决心为家乡闯出一条致富之路。他毅然辞去大学的教职，回到家乡承包了40亩荒地，开始建造他的示范农场。

可是，不到两个月，他就和村干部们发生了冲突。一次，因为干部吃吃喝喝，张某当面提了意见，他坦诚地说："论辈分，你们都是我的叔叔大爷。可群众生活这么苦，干部不应该这样多吃多占。"干部们一愣，多少年了，还没有人敢当面说他们的不是呢。他们手捏酒盅，小声议论说："这小子，读了几年书，就翘尾巴！"

又一次，因为乡里干部们按亲疏远近划分宅基地，张某找干部评理，又一次得罪了乡里干部。

张某动用自己的全部积蓄，在山上盖起了石屋，开始了农场的建造，可是，他遇到了一连串的麻烦：实施计划需要的炸药，要乡里干部开证明才能购买，他受到了无端的刁难；农场需要资金，他又遭到乡里干部的冷眼……

有人劝张某，为了你的事业，去找干部服软认错，以换得他们的理解和支持，或是给有实权的部门送点礼，换取贷款，否则你将一事无成。张某口气强硬："做人要有人格，我绝不向卑劣的行为卑躬屈膝。"

结果呢，最终张某只能无奈地守着空屋，守着他的农场，守着他的人生梦想。

要想改变环境，先要改变自己。因为在你实力较弱的情况下，如果不能做到隐忍处理，非要强硬对之，结果只能使自己摔得鼻青脸肿，而外在环境依旧。俗话说得好："留得青山在，不怕没柴烧。"**对不良现象暂时妥协，并不代表你已经屈服了，而是一种变通。**

做事要懂得适时的"弯身"，在人际交往上也要时刻注意该"弯"就要"弯"。

在交际中如果出现了失误，没有必要觉得丢脸或因此而气馁，因为"金无足赤，人无完人"，"智者千虑，必有一失。"谁都会有失误的时候。**在交际场上如果出现了失误，就要诚实、坦率地向对方表示歉意，说声"实在对不起""真抱歉""真是不好意思"，以后只要不再发生类似的失误就行了。**

在交际场上，即使再有能力的人也必定有过一两次失败的经历，问题的关键在于如何吸取教训，设法减少失误的发生。而对于自己来说，平时注意听取前辈或上司的失败经验谈，是减少失误的捷径，虚心听取他人的经验教训，不但可以警戒自己，而且可以避免重蹈覆辙。

所以，遇到不懂的问题，应该虚心向他人请教，出现了失误，就要及时向对方说明，请他提醒批评自己，总之，也要和做学问一样，掌握不耻下问的方法，即使出现失误触怒了对方，只要能够诚恳地表示认错的态度，一般也会得到对方的谅解，如果不小心触怒了对方，也不要太爱面子，老老实实地向别人认错就是了。

日本人对羞耻之事反应特别敏感。长期以来，日本人都不知不觉地继承了宁死也不愿丢脸的观念，这种品性在日本的商界也屡见不鲜，一旦出现失误马上向上级提出"辞职申请"或要求对方予以"裁判"，有时甚至原因还未查清，就轻率地做出"辞职"的决定，或许是因为觉得周围的人都在冷眼相看，自己实在太丢面子了，所以才不得不采取如此行动。

但是在交际场上如果总是怕丢脸出事，那么什么事情都做不成，尤其在和长辈或上司打交道时，由于过于拘谨、紧张而往往失误更多。因为对方无论在知识、经验还是阅历方面都已经很丰富，一开始交际双方就有一段距离，在和这样的对象交往时，也不要缩手缩脚，而是要积极主动地和他们交往，虽然难免有些瞻前顾后，忧虑重重，但只要下定决心背水一战，使出浑身解数向对方表示出诚意，一定能得到对方的理解和接受，本来这种交际是光明正大的事，只要能拿出真诚的心意，积极热情地和对方交往就行了。要认识到：**只有不怕丢脸，才有出头之日。**

不过，也要有向对方学习的精神，如果只考虑自己的立场或利益，态度傲慢，没有礼貌，那只会四处碰壁。因此，**交际中学会举止大方，彬彬有礼，给对方一些关照也是很重要的。**

每一个在茫茫人海中碌碌奔走之人都希望自己有出头之日，希望自己成为人上之人。我国古代有句俗语："烦恼皆因强出头。"这句话可以说是世间生存的经验之谈。首先，人人想出头，这是天经地义之事，只有那些白痴、傻子，或者那些躯体仍在，但实质生命已去之人才不想出头。在现代社会，人们每天都面临着无数的自我压力与竞争环境，要想摆脱出人头地的欲望是很难做到的。

既然人人都想出头，但为何要说"烦恼皆因强出头"呢？

"强"字的内涵：

第一个意思是"勉强"，也就是说，勉强去做自己能力所不及的事情。

固然勉强去做也有可能获得意外的成功，但这种成功的可能性并不大，通常的结果是：失败了，折损了自己的斗志，也惹来一些嘲笑。当然，我们并不是嘲笑正常情况下的失败。失败是成功之母，可是在别人眼中，你的失败却是能力不足、自不量力的同义语，这种失败是一种致命伤，而且还会成为一个人生烙印，跟着你一辈子。这就是你强出头的烦恼。

第二个意思是"强力"，也就是说，自己虽然有足够的能力，可是客观环境却还不成熟。

所谓客观环境是指天时和人势，天时是大环境的条件，人势是周围人对你支持的程度，也就是一种人气。大势如果不利，以本身的能力强力出头，虽然不是毫无成功机会，但会多花很多力气；如果缺少人势，而你偏要

强力出头,必会遭到别人的打击排挤,也会伤害别人,埋下仇恨的种子,冤冤相报何时了。这也是强出头的烦恼。

所以,这里我们奉劝你一句:人要出头,但不要强出头。而且你还应当谨记两点:

1. 本身能力不足时,就不要想出头。

2. 天时不利、人势不足时,就不要想出头。

不强出头,自然可以减少自己的损伤,可以和他人保持一种和谐共处的关系,也可以透过冷静的观察,掌握大环境的趋势和脉动,等到各方面条件皆已成熟时,自然便可脱颖而出!

其实,人只要有能力,又能维持良好的人际关系,别人自然乐意抬他出头。所以,只要你是强者,就用不着你去强出风头。

不要勉强求得成功。说话处世,不要超过了限度。改变命令,勉强取胜,就会给行动带来危险。能否办成一件好事,在于长期的努力。

正确的志向,一方面反映了人们的追求和愿望,另一方面反映了事物的客观规律和可能趋势。因此,志向是一种指向未来的价值目标。

志向作为一种价值目标,它能够激发人们的意志和激情,产生一种强大的精神动力,激励人们以积极、主动、顽强的精神投身于生活,对人生抱有积极向上的进取精神和乐观态度。

志向,是人生前进的目标和导航的灯塔,是鼓舞人们去努力拼搏的动力。因此,立志对于一个人事业的成功具有极其重要的意义。

南宋哲学家朱熹说:"大丈夫不可无气概","立志不坚,终不济事。"他在批评当时庸俗的社会风尚时,说道,"今人贪利禄,而不贪道义,要做贵人,不做好人,皆是志不立之病。"北宋文学家苏轼指出:"天下未有其志而无其事者,亦未有无其志而有其事者。事因志立,立志则事成。""古之立大事者,不惟有超世之才,亦必有坚韧不拔之志。"我国伟大的民主革命的先行者孙中山认为:"古今人物之名望的高大,不是在他所做的官大,是在他所做事业的成功。人若有正确的志向,地位虽小,未尝无大事业之成功。……青年应立志做大事,不可立志做大官。"

立志、工作、成功,这是人类活动的三大环节,是事业发展的规律。卡内基说得好,立志是踏入事业大门的开始,勤于工作是登堂入室的旅程,这旅程的尽头就有成功在等待着你。因此,立志是事业成功的首要前提和第一关键。卡内基还曾说:"朝着一定目标走去是'志',一鼓作气中途不停止是'气',两者合起来就是志气。一切事业的成败都取决于此。"

心灵悄悄话

要想改变环境,先要改变自己。因为在你实力较弱的情况下,如果不能做到隐忍处理,非要强硬对之,结果只能使自己摔得鼻青脸肿,而外在环境依旧。俗话说得好:"留得青山在,不怕没柴烧。"对不良现象暂时妥协,并不代表你已经屈服了,而是一种变通。

伟人的低俯一生

一个身材矮小，瘦骨嶙峋的老者，身披粗布外衣，一丝不苟地坐在一架纺车前。两条过分修长的手臂，一只手正在摇着纺车，另一只手抽出了长长的棉线。戴着钢边眼镜的双眼静静地凝视着抽线的手。

甘地反抗英国殖民主义统治的斗争始于反对罗拉特法。第一次世界大战中，国大党团结起来，竭尽全力支持英国，以期获得战后的印度自治。英国首相迫于形势压力也做出了这种许诺。

但是，战争结束后，英国人不仅没有让印度自治，相反却制定了一项新的严厉镇压人民反抗的法律——罗拉特法。英国人的背信弃义激起了印度人民的极大愤慨。

为了反抗英国殖民主义者，甘地做出了一个史无前例的创举：印度全国将以死一般的沉默表示抗议。在令人毛骨悚然的寂静中，组织一次哀悼日，使印度全国完全陷入瘫痪状态。

1919 年 4 月 6 日，甘地领导全国人民举行哀悼。这一天，印度人关闭商店、停止营业；走出学校，进行罢课。有的到寺庙里去祈祷；有的干脆闭门不出，以示声援甘地的反抗心声。

甘地祈求神灵："让整个印度沉寂无声吧！让印度的压迫者们聆听这沉默的启示吧！"甘地的祈祷发挥了效力，印度人民被发动了起来，他们从驯服的奴隶开始变为反抗的斗士。

1919 年 4 月 13 日发生的阿姆利则惨案使甘地彻底失去了对大英帝国的幻想。那一天，旁遮普省阿姆利则市的数千名居民为抗议英国人对该城采取的报复措施举行和平游行示威。集会遭到英国人的禁止。当时，游行人群刚刚在广场上聚集起来，突然该城军区司令戴尔率领 50 名英国士兵闯进会场,向人群开枪射击,打死打伤 1516 人。这一惨案使甘地得出结论:英国人再也不配享有印度人民的好感和合作。由此,他产生了不合作的思想,以"不合作运动"作为他的行动纲领,指导印度人民的反抗斗争。他呼吁印度人民在各个方面抵制英国:学生罢课抵制英国人开办的学校;律师抵制英国人的法庭;政府官员拒绝在英国机构任职等。至此,甘地把他在南非形成的非暴力思想同不合作思想结合起来,形成了著名的"非暴力不合作"思想。

在之后的几十年内,甘地共发动了四次大规模的非暴力不合作运动,最终迫使英国人退出了印度。不过,甘地发动的四次非暴力不合作运动,从其直接目的看都没有实现。

但是从印度争取民族独立的历史长河中看,这些运动都发挥出了巨大作用,正是由于这些运动,才迫使英国当局于 1947 年 8 月 16 日同意了印度独立。产生这一结果的原因绝非偶然,因为甘地的不合作运动深刻地动摇了英国殖民主义统治的基础。

英国殖民统治者以极少的兵力统治着有 3 亿人口的印度,其原因之一便是印度人民善良、驯服的民族特点。自从英国女王宣布印度成为"日不落帝国"的一块殖民地那天起,印度人民很少起来反抗,他们在殖民者的高压政策下,逆来顺受,度过了长达百年的漫漫长夜,至多不过有一部分知识分子采取合法的手段,向殖民者发出一些微弱的抗议和要求。

但是,甘地倡导的非暴力不合作运动却彻底改变了印度人民这种驯服的性格,把全印度的人民都发动了起来跟殖民主义者做斗争。甘地曾经这样说过:"英国人妄图迫使我们到机枪阵地与他们较量,因为他们手里有武器而我们却没有。我们击败他们的唯一办法是,把决斗引到我们有武器而他们没有武器的地方。"这个地方就是非暴力不合作主义的战场。

在这块战场上,印度人民完全被发动起来了,从婆罗门、刹帝利、吠舍、首陀罗到不可接触的"贱民",从印度教徒、穆斯林、基督教徒到犹太教徒,从老人、中青年到幼小的孩子,从男人到一直受奴役受压迫的妇女,大家在各自的工作岗位上,从各个领域一齐向殖民当局展开了斗争。他们一次次地使印度社会陷于瘫痪状态,一次次地迫使殖民当局无法运转其统治机器,一次次地削弱英国人的力量,一次次地震撼着人们的灵魂。总而言之,

甘地的非暴力不合作运动发动起印度全国人民，对殖民当局构成了致命的威胁。

不但如此，非暴力不合作运动还使印度人民彻底丢掉了幻想，摆脱了恐惧。正如尼赫鲁所说："在英国统治下的印度人的主要心情就是恐惧，是一种普遍渗透的使人窒息的绞勒一般的恐惧；怕军队，怕警察，又怕广布各地的特务；怕官吏阶级，怕那意味着镇压的法律，还怕监牢；怕地主的代理人，怕放债人；怕经常待在门口的失业和饥饿。正是在这种弥漫一切的恐惧中，甘地的镇静而坚决的口号响起来了：'不要怕……'不合作运动鼓舞人们毫无畏惧地坚持真理。于是，人民肩头上的一层恐惧的黑幕就这样突然地揭掉了。"

面对这样一支强大而又人员众多的非暴力运动大军，英国殖民当局束手无策。面对这支大军的独一无二的领袖圣雄甘地，更是爱恨交加。他们对甘地恨之入骨，恨不得将他置之死地而后快。他们对甘地既怕得要命，怕印度人民跟着他走，形成一股强大的不合作力量，动摇英国殖民统治的基础，同时他们又离不开甘地，担心没有了甘地，印度人民会脱离非暴力斗争的轨道而走上暴力斗争的道路。

无论如何，印度人民还是跟着甘地走了。尽管他们时不时地采取一些暴力手段，但在总体上，他们仍然沿着甘地指出的道路前进着。英国当局迫于战后世界风起云涌的民族独立运动和甘地非暴力不合作运动产生的结果，不得不派出一位年轻有为的印度副王蒙巴顿勋爵前往印度处理印度独立的有关事宜。蒙巴顿同甘地以及印度其他几位宗教领袖经过几轮较量之后，终于在1947年6月向全世界公布："1947年8月15日，将正式宣布印度独立。"

在印度正式独立这个历史性的夜晚，圣雄甘地平静地和他的同伴们同住在新德里贞利亚加塔大街一座寓所里，按照他以往的生活习惯，躺在铺在地上的一块椰树叶编成的席子上，当午夜12点的钟声敲响时，当印度正式步入自由和独立的时刻，甘地正在沉睡。这位印度人民的伟大领袖便是以这种方式迎接他为之奋斗了30年的民族独立的。

甘地是印度历史上的一个奇迹，也是人类历史上的一个特殊现象。他的伟大人格几乎举世公认。

他具有赤诚的爱国热诚,崇高的牺牲精神,追求真理的执着信念;他具有坚强的意志,坚忍的耐心,随机应变的本领;他待人谦恭、诚实、光明磊落,不分贵贱善恶一视同仁,没有种族歧视和宗教偏见;他注重实际,反对空谈;他关心下层人民疾苦,善于体察民情并始终与人民群众打成一片;他生活清苦,安贫乐道;他尊重女性,提倡人的精神完善和社会和谐;他的道德修养堪称楷模。

正因为如此,甘地这位身材矮小、其貌不扬的东方人博得了不同民族、信仰和阶级的人的敬仰和爱戴;他为人类留下的一些精神遗产值得后人继承。

作为一位出色的政治领袖,他低调做人,不张扬,没有个人野心。**有不少政治领袖,尽管他们在带领人们打江山的时候表现极为出色,但是在权力的争夺上也往往不择手段。**然而,甘地却没有这样做,甚至想都不曾想过。在他那颗智慧的大脑中,除了国家和民族的利益外,从来没有自己的地位。

因此,他从来不去争夺党和国家的权力,尽管他有十足的把握获得这些权力。恰恰相反,他不仅辞去了党的领袖的职务,而且拒不到政府任职,以致在全国人民庆祝印度获得新生的时候,他却躲在自己的小屋内用纺车纺棉花。

作为一名虔诚的印度教徒,甘地拖着布满伤痕的双脚,走遍了印度遥远的偏僻地区,巡视了成千上万个村庄。

甘地云游四方,几乎一无所有,两袖清风,全部财产仅仅是一部《薄伽梵歌》,一套白铁餐具(在耶拉维达监狱羁旅期间的用品)、一尊象征教祖的三只猴子的小雕像、一只用细绳系在腰部的价值 8 个先令的英格索尔老怀表。

他没有教派偏见。历史上不同教派之间的争执、冲突甚至兵戎相见的事例举不胜举,而甘地作为印度教的首领却没有丝毫门派之见。在他随身携带的书籍中,不仅有印度教经典,而且有伊斯兰教和犹太教的经典,并且他还能够把它们兼收并蓄,灵活运用。

在印度这块宗教、种族冲突相当严重的国度里,甘地对人民一视同仁,

第四篇 低调处世的学问

甚至为了挽救穆斯林难民而不惜引起自己同教者的不满,以致最后死在同教者的枪口下。

尽管在世界国家领导人的名字中没有"甘地",但谁都知道"甘地"这个响亮的名字。

甘地是伟大的,此躯虽微,其形昊昊;此生虽短,其名悠悠。

心灵悄悄话

在印度争取民族独立的斗争中,小小纺车成为他领导和平革命的象征,成为已经觉醒了的印度人民向英国殖民主义者发起的挑战,成为民族团结和自由的标志,这个手摇纺车的人就是印度圣雄——甘地。他的形象似乎有些不起眼,而他的人格却始终放射着光辉。

低姿态传道授业

从辛亥革命到新中国成立前的这段时间里，清华大学的师生，特别是一些老教授、老讲师，是中国教育史上值得回眸的一个群体。当年的校园刊物中很多文章在谈论着他们，今天读起来仍然兴味无穷，从中能够感受到浓浓的人文气息，那真是一个令人流连的时期。**没有一个大学生没有议论过教授，但也很少有像清华大学的学生如此大胆又如此深情地大范围、公开化地大谈特谈教授甚至是校长的。我们不得不为当时学生的大胆惊叹，更不得不为那时宽松的师生氛围惊叹。从中足见教授们谦和处世、低调做人的情怀与风范。**

常言说："以貌取人，失之子羽。"这句话好像是特别为刘叔雅先生而设的。当清华大学第一个国文班快要上课的时候，学生们喜洋洋地坐在三院七号教室里，满心想亲近这位渴慕多年的学界名流的风采。可是铃声响后，走进来的却是一位憔悴得可怕的人物。

"看啊！四角式的平头罩上寸把长的黑发，消瘦的脸孔安着一对没有精神的眼睛；两额高耸，双颊深入；长头高举兮如望空之孤鹤，肌肤黄瘦兮似辟谷之老袖。状貌如此，声音呢？天啊！不听时犹可，一听时真叫我连打几个冷噤。既尖锐兮又无力，初如饥鼠兮终类猿……"

一幅多么不堪的形象。这是发表在 1934 年《暑期周刊》上的《教授印象记》中刘叔雅先生的画像。一位有着清新优美的文笔、绵密新颖的思想的学者，在学生的想象中该是位风流倜傥的摩登少年，至少也得是个状貌奇伟的古老先生，怎知是这副尊容！作者是真的失望吗？其实不然，他先抑后扬，马上极力抒写刘先生学问的渊博精深，对学生的恳挚，对国事的热

忧,其精神的力量远远盖过了相貌的不足,矗立着的仍然是一个可敬可爱的长者。

在学生笔下遭遇相同命运的远不止一两个教授:

比如俞平伯先生:

"一个五短身材的人,秃光着脑袋,穿着宽大的衣服,走起来蹒蹒跚跚的,远远看去,确似护国寺里的一个呆小和尚,他就的的确确是俞先生么?"

这是相貌与学问之不成正比。

比如陈寅恪先生:

"里边穿着皮袍外面套以蓝布大褂青布马褂、头上戴着一顶两边有遮耳的皮帽、腿上盖着棉裤、足下蹬着棉鞋、右手抱着一个蓝布大包袱、走路一高一下、相貌稀奇古怪的纯粹国货式的老先生从对面子子而来。"

这是衣着与学问之不成正比。

比如冯友兰先生:

"口吃得厉害。有几次,他因为想说的话说不出来,把脸急得通红。那种'狼狈'的情形,使得一群无涵养无顾虑的青年人想哄笑出来。"

这是口才与学问之不成正比。

还有的"汗流浃背,喘呀,喘呀,上课的工夫大半用在揩汗、摩肚皮上面",或一开口就"唾沫星子,一串一串地进出,又好像过山炮弹,坐在前排听讲的同学们,怎会不大遭其殃,连声叫苦",或"下课了,大家还没有完全走出教室,一支烟已经又吸掉了三分之一"。

这是举止与学问之不成正比。

但千万不要以为清华的学生在贬抑他们的先生,恰恰相反,他们为拥

有这样看似与平常人无异而实际上是些天才们的教授而深深地骄傲，而且不论他们的外貌举止如何怪异（当然只是一小部分），个性如何奇特，打扮如何不拘小节，却无一例外的都渊博、尽职、和蔼与可爱，是一些不会混淆、不可取代的学术泰斗。

虽面上严肃一点，而心肠是最软不过的。那是朱自清先生。

他那便便大腹，好像资本主义过剩生产，已达到了第三期的恐慌似的——瞧着瞧着，原来里面装的是一肚子的词源呀。那是杨树达先生。

有时你看到他独自呆呆地立着，嘴角浮漾着轻微的笑影，那笑，无形中由苦笑而有时竟至非哈哈大笑不可的神情，但刹那间，像在荷叶上飘过的轻风，一切终归沉寂，他毕竟意识到自己是个学者，笑影俱散，剩下的是那俨然不可侵犯的矜持的面相。那是吴宓先生。

虽然是福建人，可是国语讲得够漂亮，一个字一个字吐得很清楚，而不显得吃力。在深刻的时候，学生没有一个敢出声的，只静心凝听，因为他的声音是有节奏的，有韵律的，能使人如同听音乐一样，有着一种内心的快感。那是陈贷孙先生。

还有一则关于国文系主任自己开汽车前往西山的消息：他自己开车，半路上掉了一个轮子，三个轮的车还一直走，及发现前面有一个轮子在滚，才知道自己的汽车掉了一轮。那是施嘉炀先生。

循循善诱地每堂课都写了许多笔记，所以同学们不爱再发出什么问题，但在真是莫名其妙时，不禁要去一问。很怪，那时的他好好的面孔上又加厚了一层红云，好像是个新娘子，羞羞答答地吞吞吐吐地来答复你。那是陶保楷先生。

在学生的心目中，每个教授都是独特的、最棒的，不论是有着"两道浓黑的剑眉，一双在眼镜里闪烁的炯炯有光的眼睛"的诗人教授闻一多，如同"耶稣下蛋那天给你送东西来的北极老人"似的体育教授马约翰，还是"无论他身上哪一点，都有点儿哲学味儿似的"哲学大师金岳霖，"真个把西洋式尖头鳗的气味表现得十足"的政治系主任浦薛凤，抑或兄弟教授——"把时间权衡了一分一秒不差"的大哥萨本铁和给"分数是很抠的"弟弟萨本栋，一人一种风范，一人一个世界。但他们都有一个共同点，那就是质朴、平和、低调、谦逊。

是这些教授本身为我们提供了鲜明的范本,更是清华同学们栩栩如生地刻画了这些"教授印象"。当年的清华园有这群卓越不凡的教授固然是大幸,同样地,有了这些妙笔生花的学生给后来的人们留下这些形象,不也是大幸?

低调——韬光养晦藏锋芒

心灵悄悄话

表示一种谦虚谨慎的态度,不张扬。低调是隐藏自己的能力不显示出来。前提是你要有能力,要有足够的内涵。如果你的人生阅历都还不够多,那么你的内涵又从何而来,人都是慢慢长大的。不争强好胜,不引人注目,谦虚忍让,知道的装作不知道,吃了亏也不吭一声,不强出头,不主动争取机会,名利观淡泊。

第五篇

低调说话的学问

低调是一种修养。具备这种修养的人，深谙"良言一句三冬暖，恶语一声六月寒"的道理，所以在与人交谈时，过头的话不说，炫耀自己的话不讲。批评他人，点到为止；讲说道理，友善柔和。在他们身上，体现出的是一种优雅、一种品位。

言谈若涉及别人隐私一定要慎重，不要以为关系密切，就可以口无遮拦，要知道，调侃时说出了他人的隐私，虽然有时出于无意，但听者却会有心。他会认为你是有意跟他过不去，从此对你恨之入骨。所以，最好的办法是假装不知，若无其事。

倾听比倾诉更令人倾心

现实生活中,我们很多人为了证明自己的观点正确,总是抢过话头,让别人没有发表意见的机会。**与人交谈不要只顾自己说个痛快,无视别人的感受,那样不仅会令对方不悦,而且也很容易造成沟通障碍,达不到交谈的目的。**

小张曾与一公关公司女总经理洽谈业务。这位女总经理长得很漂亮,业务也做得一流,经常是海峡两岸跑,能力强是不用说了,可是这位女经理却是一个典型的语言独裁者,只要她的话匣子一打开,别人就别想插嘴,只有"恭听"的份儿了,那话语滔滔不绝,如江河决堤,一发不可收拾。虽然小张想插几句话,却始终没有机会。使得他这位语言高手心里产生一种巨大的挫败感。但这位女总经理丝毫没有顾及他的感受,还在兴致盎然地叙述她两岸的公关事业是如何红火。

小张两手在餐桌上玩弄着吸管,盯着她那两片开开合合的红嘴唇,心中很是无奈。30分钟后,小张实在受不了了,终于鼓起勇气对这位女总经理说:"对不起,待会儿我还有事,我先走一步了。"留下了这位女士在那里目瞪口呆。

想必在这种情况下,再有涵养和耐性的人也要被对方滔滔不绝的话语吓跑。所以,要想很好与别人沟通,就要给对方一个说话的机会。

乌托从商店买了一套衣服,很快他就失望了:衣服掉色,把他的衬衣领子染上了色。他拿着这件衣服来到商店,找到卖这件衣服的售货员,想向他介绍事情的经过,可是他没做到——售货员总是打断他的话。

"我们卖了几千套这样的衣服，"售货员声明说，"你是第一个找上门来抱怨衣服质量不好的人。"他的语气似乎在说："你在撒谎，你想诬赖我们。"

吵得正凶的时候，第二个售货员走了进来，说："所有深色礼服开始穿时都会掉色。一点办法都没有。特别是这种便宜的衣服。"

乌托先生气得差点跳起来。他想：第一个售货虽怀疑我是否诚实。第二个售货员说我买的是二等品，真气人！

他正准备说"你们把这件衣服收下，随便扔到什么地方，见鬼去吧"的时候，这个部门的负责人来了。

这位负责人很内行，他的做法改变了乌托先生的情绪，使一个被激怒的顾客变成满意的顾客。这位负责人是怎么做的呢？

首先，他一句话也没讲，听乌托先生把话讲完。

之后，在那两个售货员又开始陈述他们的观点时，他开始反驳他们，帮乌托先生说话。他不仅指出顾客的领子确实是因衣服掉色而弄脏的，而且还强调说商店不应当出售使顾客不满意的商品。

后来，他承认他不知道这套衣服为什么出毛病，并直接对乌托先生说："您想怎么处理？我一定遵照您说的办。"

几分钟前还准备把这件可恶的衣服扔给他们的乌托先生不由得说："我想听听您的意见。我想知道，这套衣服以后还会不会再染脏领子，能否再想点什么办法。"

这位负责人建议乌托先生再穿一星期。"如果还不满意，就把它拿来，我们想办法解决。请原谅，给您添了这么多麻烦。"他说。

乌托先生满意地离开了商店。7天后，衣服不再掉色了。他完全相信这家商店了。

这位负责人显然要比那两位售货员明智。面对顾客怒气冲冲的指责，他并没有急着为自己的货物质量辩解，而是放低姿态，耐心去倾听顾客的抱怨，并一再承诺要是再掉色的话，一定会为他解决，并向他诚挚道了歉。

不用问，这位负责人的态度让乌托觉得自己很受尊重，自己的意见得到了重视，所以，他满意地离开了。

彼此的相处要想和谐，就应该想到：沟通应该是双向的，应该给对方一

个说话的机会。

最成功的商业会谈其秘诀是什么？著名学者依里亚说："关于成功的商业交往，并没有什么秘密——专心地倾听那个对你讲话的人最为重要，没有别的东西会使他如此开心。照此下去，合作成功是自然的了，也再没有比这更有效的了。"

其中的道理很明显，你无须在哈佛读上四年书才觉察到这一点。不过，我们也经常看到这样的现象：有不少精明的商人会租赁昂贵的地盘，把店面装潢得漂亮、精致，购进不少的精美货物，还花了价格不菲的广告费，可是却雇用了一些不懂得倾听顾客说话的店员——他们急急地打断顾客挑剔商品瑕疵的话头，与他们辩论，让人家难堪，甚至把顾客气得一走了之。

实际上，即使那些喜欢挑剔别人毛病的人，甚至一位正处于盛怒的批评者，也常会在一个富有包容心与忍耐力且十分友善的倾听者面前软化、妥协，即便面对那气愤的找事者，也一定要沉着、低调，克制自己。

有这样一个事例：一天早晨，有一位怒气冲冲的老顾客闯入德迪茂毛呢公司创办人德迪茂的办公室内。德迪茂先生说："这位顾客欠我们15美元，却不承认这件事。他接到我们的财务部坚持要他付款的信以后，收拾行装来到芝加哥，冲进我的办公室，告诉我说，他不但不付那笔账，并且永远不再准备买德迪茂公司的东西。

德迪茂耐着性子听他说话，几次想要打断他，但德迪茂知道这样做对他没有用处，德迪茂要让他尽量发泄不满。等他冷静下来，可以听进别人说话的时候，德迪茂平静地对他说："谢谢你到芝加哥来告诉我这件事，你帮了我一个大忙，如果是我们财务部惹恼了你，他们也会惹恼别的主顾，那样就太糟了。真要谢谢你告诉我这一切。

"老顾客似乎有点措手不及，万没料到我会说出这番话。我想他当时肯定有点失望，要知道他到芝加哥来是要向我挑衅的，但我在这里反而感谢他，而不与他争论辩斗。我真心实意地告诉他也许是记错账了，我们打算取消那笔15美元的账款并将此事忘掉。我对他说，他是一个很细心的人，又只需照顾自己的一份账目，而我们的员工却要同时料理数千份账目，

所以他会比我们记得更准确。我告诉他我十分了解他的感受，如果我处在他的位置上，我也会有类似的举动。由于他说不想再买我们的东西了，所以我还向他推荐了别的几家公司。

"在那之前，他来芝加哥时，我们常一同用餐。那天我照旧请他吃饭，他似乎不太好意思地答应了，但当我们回到办公室的时候，他马上订下了很多货物，然后心情舒畅地回去了。为了表示自己的坦诚，他重新检查了他的账单，结果发现有一张放错了地方，接着他便寄给了我们 15 美元的一张支票，还诚恳地道歉了一番。"

可以说，这是一个因重视倾听顾客申诉不满，而最后融洽了彼此间关系的很好的范例。

马克先生被人称作是世上最出色的名人访问者。他说："许多人不能让他人对自己产生好印象，是因为他们不注意听别人讲话，不把别人放在眼里。"

一般人往往非常关心自己随后要讲什么，却不愿意张开自己的耳朵倾听。他们浅薄地认为，倾听别人讲话会显得自己低人一等。几位名人曾经说过，他们喜欢善于倾听者，不喜欢别人打断自己的话头，但善于倾听的能力好像比任何其他好性格都更难得。不仅名人喜欢别人听他倾诉，普通人也是如此，正如《读者文摘》中所说："**许多人之所以请医生，他们所要的只不过是一个听众而已。**"

美国南北战争最困难的时期，林肯写信邀请在伊里诺斯的一位老朋友到华盛顿来。林肯说，他有些问题要与他讨论。这位老朋友到白宫拜访，林肯同他谈了数小时关于释放黑奴的宣言是否适当的问题。林肯将赞成和反对此事的理由都加以阐述，然后又读了一些谴责他的文章，其中，有的怕他不放黑奴，有的却怕他释放黑奴。谈论了几小时后，林肯与他的老朋友执手道谢，送他回伊里诺斯，整个谈话过程中竟然没有征求老朋友的意见。所有的话都是林肯说的，就好像是为了舒畅他的心境。

"谈话之后他似乎轻松了许多，"这位老朋友说，"林肯没有要求提意见，他要的只是一位友善、同情的倾听者，使他可以发泄苦闷的心情。那是我们在困难中都迫切需要的，那些发怒的顾客、一些不满意的雇员、感情受

到伤害的朋友也都是如此。"

为什么善于倾听会产生如此神奇的功效呢？因为,你善于倾听,正是让对方感觉到他的话和意见很占分量,在他们表述意见的时候,就像是在教育你、点拨你,为此他们感到愉悦。因此,他们也会满足和释怀你的愿望及不满,确切地说,**善于倾听是倾听者低调处世的一大谋略。**

心灵悄悄话

倾听是我们对别人的最好恭维。很少有人能拒绝接受专心倾听所包含的赞许。因此,如果你希望成为一个被人喜欢的人,那就先做一个注意倾听的人吧。倾听的人总是善于把自己摆在一个次要的位置上,使倾诉者无形中成为交流的主角。而能够经常让别人成为主角,正是低调做人的另一种表现形式,也是让别人倾心于自己的绝妙法宝。

第五篇 低调说话的学问

勇于接受批评和认错

不管你是谁,不管你身上有多大的光环,只要是人,就难免会犯错误,不要觉得认错会让自己下不来台,会破坏自己在别人心目中的完美形象。**硬着头皮不认错才会大损你的形象,让人更加讨厌你。**

从我们刚记事起,父母老师就谆谆教导我们:知错就改才是好孩子。可是当我们长大了,事业有成了,地位提升了,却发现知错认错竟然是那么困难。我们宁愿用一个错误去掩饰另一个,也不愿意拉下面子,勇于承认、勇于改正。这难道不是长大的一种悲哀吗?

这一点在公众人物身上体现得尤为明显,比如闹得沸沸扬扬的周杰肇事逃逸案;多家媒体报道了此事。

据说,演员周杰在凌晨驾驶无牌奔驰车与出租车相撞。事发后,周杰一度"失踪"。交警多方查找未能找到。事发 12 小时后,周杰来到朝阳交通支队接受处理,其酒精检测结果为零。出租车司机的妻妹透露,车祸发生了很长时间,周杰都没有主动和伤者联系,也没有到医院看望过伤者。乘客刘某的踝骨骨折需要手术治疗,刘某说,作为公众人物的周杰更应对自己的行为负责,希望周杰给受伤的乘客当面道歉。

面对因自己的失误造成的车祸,周杰如果主动认错,并向受害人诚恳道歉,也许这件事就不会闹得那么糟糕。所以,越是明星,越是大人物,越需要放低姿态,对自己的错误直言不讳,才能得到大家的谅解。比起他,演员王珞丹就明智多了。

"2009 年 ELLE 风尚大典"17 日晚在上海举行,周迅、徐静蕾、刘烨、高圆圆、张静初、李心洁、郑元畅等 40 余位明星参与盛会。在盛会上,凭《奋斗》走红的王珞丹因为一句无心之言一下子吸引了所有人的注意。

王珞丹上台领"年度风尚新晋演员奖"的时候，被主持人李艾问及"你和徐静蕾所扮演的两个杜拉拉之间有什么区别?"身为电视剧《杜拉拉》女主角的王珞丹开始还想用电影和电视剧之间的区别来打一下太极，后来被逼急了，忍不住脱口而出"除了年龄上有区别以外，其他都没什么区别"。话音一落，台下立即安静了，气氛非常尴尬。王珞丹更为刚才的话后悔不已。

到后台接受采访时，王珞丹还沉浸在刚才说错话的懊恼之中，一个劲地隔空对老徐鞠躬道歉："真是太抱歉太不好意思了，我不是那个意思，我一直很喜欢她。"她同时表示，自己和电视剧中的杜拉拉很相像，很容易说错话、冒傻气，不经意就会得罪人，神情沮丧自责，态度真诚可爱，全然是个做错事的邻家女孩。

王珞丹并没有像一些明星那样，犯了错误，不好意思承认，被人问及之时，还要找一大堆理由搪塞，而是勇敢地在记者镜头前真诚地承认自己的失言。她的低调、她的真诚、她的坦率让很多人更加喜欢她。

徐存斋是明朝时候的人，是中国历史上一位很有雅量的名臣。他自小勤奋好学，考取了功名。年纪轻轻的就已很有作为，并且闻名遐迩了。由于备受重用，明嘉靖年间，他还不到而立之年，就进了翰林院当编修。随后被派去"督学浙中"，当主考官，同时负责督察指导浙江中部的教育事宜。可想而知，他当时该是何等的年少气盛了。

有一次，他做督学判卷，徐存斋很认真地为每位士子评判八股文。在阅卷的过程中，他看见一篇文章，文笔清新，论点鲜明，论证分析严密。但美中不足的是，他发现这名秀才在行文中引用了"颜苦孔之卓"一句，徐存斋以前没有见过相关的典故也没有查找资料，就以为这是秀才自己生搬硬套，是自己生造的语句，于是前面的好印象顿时全部消失，认为该考生学习不踏实，胡乱编造，无中生有。他眉头一皱，拿起笔来，画了个黑杠，批上两个字："杜撰"。然后，"置四等"，等于现在的不及格，等着"发落"后，卷铺盖回家。凡是有主考的不佳评语，考生照例要到堂上"领责"，也就是去受训斥。

等成绩公布以后,试卷也都分发到考生自己手中。被徐存斋判为四等的那个考生,看到自己的卷子上"颜苦孔之卓"旁写着"杜撰",觉得受到了督学的严厉指责,心里很是不痛快。他鼓起勇气找到了徐存斋,恭敬地说道:"非常感谢您的指教,可是这句话确实是出自杨雄的《扬子法言》一书,并不是学生我自己编造的啊。"徐存斋听了这个秀才的一席话之后,颇有点肯于道歉的气度,敢于认错的作风,连忙从太师椅上站起来,致谢说:"我侥幸升官太早,学问不够,今天承蒙您的指教。"于是,拿笔将试卷改为了"一等"……

这件事很快就传了开来,人人都称赞徐存斋谦逊、豁达。后来徐公做了大学士,皇帝赐封为"太"。他去世后,皇帝又谥号为"文贞"。徐公的后代也都官位显赫。

公开讲话也好,与人交往也好,犯错在所难免,而有些看似不经意的错误可能带来严重的后果。所以**及时认错、及时低头,开诚布公地讲一些能让人谅解的低头话才是会说话、会办事的表现。**

每个人都有三分薄面,每个人都有自尊心,当我们受到别人的批评时常常感到难堪、紧张,自我保护的本能会下意识地让自己采取防御性措施以保护自己,但这是否理智呢?那么我们又怎样来应付他人的批评呢?

别人对你提出批评的时候,兴许是因为你自己真的有缺点,对这种批评,我们应该认真听取。我国历史上唐太宗有三面镜子:以铜为镜,可以正衣冠;以史为镜,可以知兴替;以人为镜,可以知得失。唐太宗正是以魏征等名臣为镜,虚心听取他们的批评,才使得自己统治清明,江山稳固,国力强盛,史称"贞观之治"。西周的周厉王,则不愿听取大臣的批评,甚至用严令酷刑来禁止平民百姓议论他。但是防民之口比防河川还难,周朝的平民终于举行了暴动,推翻了暴虐的国君。在现实生活中,我们正是通过他人的批评来了解自己的过错,修正自己的行为。当别人诚心诚意地提出批评时,自己如果不虚心接受,而盲目地反驳批评,往往会挫伤他对自己的感情和积极性,甚至在两人之间筑起心理长城。

有的时候,别人对自己的批评并不一定正确,但他的用意却是善良的。这时,我们应该对他的这种善良表示诚挚的谢意。这种有礼貌的行为往往

被认为是知恩图报,从而赢得对方对自己的信任。

有些人提出批评时不负责任,甚至就是存心在恶意攻击。面对这种批评,一定要保持冷静,因为对方的目的就是要让你紧张,穷于应对,让你大失风度,扰乱你的情绪和思维。你只有保持冷静,才不至于中了对方的圈套。同时,冷静地分析对方的意图,常常会获得意想不到的信息,反客为主。中田就是善于从恶意批评中获取有利信息的成功商人。一次在与一位不知名的山茶制造企业经理谈进货的过程中,他对对方茶叶的品质没有太大把握,还在犹豫不决,这时,另一位茶叶批发商当着茶叶制造企业经理的面,对中田的人格提出了恶意的批评;中田感到恼怒,但敏感的商业意识让他从批评中捕捉到如下信息:即这批茶叶将成为抢手货,于是中田在这批茶叶上猛下功夫,获得了丰厚的利润。

我们知道,面对别人的批评,保持冷静是很重要的,另一方面,我们要有客观评价自己的标准,要有自己的主心骨,否则我们将很难判断别人的批评是善意还是恶意,是正确还是错误。**没有主见,面对别人的批评,我们常常会乱了方寸,不知所措。**

席拉在一次宴会中认识了一位男士,他们很合得来,分手的时候彼此交换了电话号码,答应保持联络。席拉给他打了电话,并留了言,但一个星期后依然得不到他的回音。她把这事告诉了好友贝蒂,贝蒂嘲笑席拉是个大傻瓜,现在的男人都是到处拈花惹草的,没有几个踏实的了。席拉并不以为然,但又过了一个星期,她还是没收到回音,于是便开始怀疑自己真的很笨,已经跟不上时代潮流了。但是席拉并没有就此罢休,她冷静地做了进一步的分析,这位男士并不像那种轻浮的人,自己也并不是一个大傻瓜。他没有回电话,兴许是因为有事出去了,兴许是因为忙得抽不开身来。过了一段时间,席拉再给那位男士打了一次电话,他们终于联络上了。事实证明席拉的判断是正确的。后来,他们俩的关系进一步发展,成了一对幸福的终身伴侣。

要是席拉在一念之间就放弃了,断了这次缘分,岂不是很可惜吗?

面对批评,我们要有容忍批评的气度,否则一味地血气方刚,逞匹夫之

勇,最后倒霉的还是自己。诸葛亮在中国老百姓中是智慧的化身,他善于利用批评来攻击敌人,不战而屈人之兵,诸葛亮三气周瑜的典故家喻户晓,一句"赔了夫人又折兵"活活地把周瑜这位少年英雄给气死了。而另一次在与魏军的对垒中,诸葛亮也是凭着三寸不烂之舌,把魏国的大司马王朗气得从马上摔下来,气绝而亡。面对批评,我们要有开阔的胸怀,方能从容不迫,应付自如。

心灵悄悄话

世界上没有全知全能的人,每个人都有其不知的一面。不要因为顾及自己的地位、名望而非要把自己变成权威,姿态放低一些,取于承认自己的不知和不足,你得到的可能是更多的赞誉和尊重。

藏住别人的隐私

俗话说:"好事不出门,坏事传千里。"**坏事之所以传得快、传得远,是因为有一部分人总喜欢挖掘别人的秘密,然后将之公之于众,作为自己消息灵通的证明,从别人惊异的眼光和窃笑中获得满足。这样的人是最容易让人记恨的。**

某茶馆老板的妻子结婚两个月,就生了一个小孩,邻居们赶来祝贺。老板的一个要好朋友吉米也来了。他拿来了自己的礼物——纸和铅笔,老板谢过他,并且问:"尊敬的吉米先生,给这么小的孩子赠送纸和笔,不是太早了吗?"

"不",吉米说,"您的小孩子太性急,本该八个月后才出生,可他偏偏刚两个月就出世了!再过五个月,他肯定会去上学,所以我才给他准备了纸和笔。"

吉米的话刚说完,全场哄然大笑,令茶馆老板夫妇无地自容。茶馆老板妻子未婚先孕的隐私心里明白就好,吉米偏要拿出来调侃一下。相信在大家的轰笑声中,茶馆老板夫妇肯定会认为吉米在存心让他们出丑,内心肯定要记恨吉米了。

言谈若涉及别人的隐私一定要慎重,不要以为关系密切,就可以口无遮拦,要知道,调侃时说出了他人的隐私,虽然有时出于无意,但听者却会有心。他会认为你是有意跟他过不去,从此对你恨之入骨。所以,最好的办法是假装不知,若无其事。

朋友之间如此,亲密如夫妻也是亦然。虽然在彼此信誓旦旦的时候,会说自己对对方绝对忠诚,另一方也确信对对方很了解,可是忽然有一大

发现了原来对方也有自己不知道的隐私，顿时就会有一种被骗的感觉，便迫不及待要问个水落石出，结果被查问一方觉得自己一点独立的空间都没有，反而会恼羞成怒，进而落得不可收拾的结局。

本来是非常幸福的夫妻，何必要把事情闹到这种不可收拾的地步？**如果你知道了爱人的隐私，不要轻易说出口，要假装不知道，冷静想好处理办法，再去行动，事情的解决可能就会相对稳妥多了。**

小方在上海某大学读书时与小王产生了爱情。毕业后，终因地理原因，小王割断了他们的爱情线。小方曾因此大病一场。两年后，小方经亲友介绍认识了小李，并与小李结了婚。于是，小方与小王的那些恋爱史就成了小方心里的"情感隐私"。可事也凑巧了，婚后第五天，在小李回娘家时，小方接到了小王寄来的一封信，信的大致内容是：小王现在已醒悟到地理因素对爱情来说已是微不足道了。她发现小方在她心中已到了谁也不能取代的地步。并且她要到这个城市来找小方，希望他们和好如初。

显然，小王在小方心中也占据着很重要的位置。小方的眼睛模糊了，眼前的小李恍惚变成了小王。伤心之余，小方买了一瓶白酒，独自品尝苦酒。

小李提前从娘家回来，发现丈夫酩酊大醉地倒在床上，枕边搁着一封信。看了信，她无声地哭了。去谴责小方吗？替小方设身处地地想一想，她能理解他的懊悔和痛苦。如果当初他锲而不舍地追求，何至于造成今天的痛楚，而现在，小方既负有对这个新家庭不可推卸的责任和义务，又对远方的小王怀有至死不泯的爱。该诅咒小王吗？她可是不知道小方的近况呀！作为女人，小李更能体谅小王的苦衷。小李把信放回原处。

小李知道了丈夫的"情感隐私"后，便更加温存体贴，关心小方，从不当面揭穿小方的"秘密"。几天后，小王真的上门来了。小李热情地接待她，并备好一桌丰盛的午餐招待小王。饭后，她又借口要去上班离开家，好让这对旧日的恋人有机会好好谈谈。望着妻子疲倦的面容，小方的心深深地感动了。他明白妻子的一片心意。而此时的小王在小李的身影完全消失了的时候，感激地对小方说："你有一个多好的妻子啊！"之后，小王在小方夫妇的热心帮助下，终于找到了一个如意郎君。

大肆宣扬朋友的隐私招人记恨，守口如瓶巧处理爱人的隐私得其尊重。

低调的人，对别人隐私一贯坚持的原则就是：不管和对方是什么关系，都不屑去探究别人的隐私。如果被他们无意间撞到了，也不会轻易揭发，而是会忠诚地为其保守秘密。

心灵悄悄话

每个人都有自己的秘密，都有一些压在心里不愿为人知的事情。如果把别人的隐私公布于众，甚至拿来当作笑料，对方在心中会鄙视你、讨厌你，把你看作无聊的人。

指责变暗示

作为领导者,如果你的员工在你的眼前犯了一些低级错误或者是让你无法容忍的错误,首先要控制好自己的情绪,千万不要大发其火。严厉地批评员工一顿,他虽然嘴上认错,心里却未必真的改过。要想让他心悦诚服,不如放下架子,放低姿态,以朋友的身份劝他改正。

下面故事中的管理者查尔斯·斯科尔特就用了此招,使犯错工人心悦诚服地作了改正。

查尔斯·斯科尔特管理着美国钢铁公司的一家钢铁厂。一天中午,他路过工厂车间,却发现几位工人正在抽烟,而在他们的头上,正好有一块大牌子,上面写着"禁止吸烟"。这些工人未免也太明目张胆了,换作其他人,肯定是要走上前去,指着牌子狠狠训斥他们一顿,说不定要扣他们的工资,甚至要把他们辞退。

不错,很多管理者都会这样做的。但是,斯科尔特才不会这样做。他知道什么样的方法更有说服力,虽然自己是管理者,但也没有必要仗着自己的身份在人前说教。他走向那些人,递给他们每个人一根雪茄,然后说:"各位,如果你们可以到外面抽这些雪茄,我将感激不尽。"工人们立刻意识到自己违反了一项规定,同时,他们也更加敬重斯科尔特了。

如果你是一位员工,遇到了斯科尔特这样的一位上司,看到你抽烟是违反了公司规定,却还送给你小礼物,并对你很有礼貌,让你受到尊重,你会不喜欢这样的人吗?

也许有的领导会问:"员工犯了错误,难道还不能批评了,尤其是那种明知故犯的错误?如此一来,公司还有组织性纪律性吗?"当然,员工犯错是要批评,但批评的目的不仅是让他改正错误,还要让他热爱自己的工作,从而更加卖力。而这就需要尊重的力量了。

百货连锁公司老板约翰·华梅内克每天都会到费城里他的大商店去看一看。一次,他看见一名顾客站在柜台前等待,却没有一位服务员对她稍加注意。他再找,才发现那些服务员正在另一头挤成一堆,彼此嘻嘻哈哈的。华梅内克一句话也没有说,只是默默地走到柜台后面,亲自招呼那位女顾客,并把她购买的货品交给售货员包装,然后就走开了。

华梅内克这种无声胜有声的方式一定会让那些工作不尽职的员工羞愧万分,同时也会对他感激不尽,接下来,不仅不会有人怠慢自己的工作,还会更加卖力去干,这就不是简单批评就能达到的效果。

所以,一定要想清楚,**当面指责他人,只会造成对方顽强的反抗,而巧妙地暗示对方注意自己的错误,则会受到爱戴和喜欢。**

1887 年 3 月 8 日,美国最伟大的牧师、演讲家亨利·华德比奇尔逝世。华德比奇尔影响力巨大,被世人评价为"改变了整个世界的人"。为了纪念他,一个演讲纪念大会将举行,而莱曼·阿尔伯特应邀向那些因为华德比奇尔的去世而哀伤不语的牧师们演说。

由于急着想表现出最佳状态,阿尔伯特把自己的演讲稿写了改,改了又写。在作了严谨的润色后,他读给了妻子听,让她给予意见。

妻子感觉写得很不好,但如果她照实说出自己的意见:"莱曼,你写得太糟糕啦,这样不行,你如果真的读了这样的稿子给听众,他们肯定都会睡着了。这念起来就像是一本百科全书。你都已经演讲这么多年了,怎么还会写成这样呢? 天哪,你怎么不能像普通人那样说话呢? 你难道不能表现得自然一些吗? 如果你想自取其辱,就读这篇文章吧。"

那样肯定会引起阿尔伯特的不快,为了让丈夫能够愉快接受自己的意见,她是那样说的:"莱曼,这篇演讲稿如果刊登在《北美评论》杂志上,将会是一篇极佳的文章。"

莱曼·阿尔伯特一听就明白了她的意思。她称赞了这篇演讲稿写得

很好,但同时又很巧妙地暗示,要是把这篇讲稿用来演说,将不会有好的效果。于是,他把自己精心准备的原稿撕掉,后来演讲时甚至都不用讲稿了。

要想改变一个人而又不伤感情,甚至让对方感激和更喜欢你,最有效的是用委婉的暗示方式,提醒其注意自己犯的错误。

心灵悄悄话

员工犯了错误,领导者通常的做法就是端起领导的架子,狠狠训斥一番,这种做法非常不妥,除了大大刺伤犯错之人的自尊心以外,也让其他员工心里战战兢兢,工作难有创新。这也有违领导的初衷。所以,最为稳妥的办法就是改变一下自己的处理方式,变严厉批评为委婉暗示。

说话要靠谱

马西尔斯是古罗马时代一名战功赫赫的英雄,他以战神科里奥拉努斯的美名而著称于世。公元前454年,马西尔斯打算角逐最高层的执政官以拓展自己的名望,进入政界。

竞逐这个职位的候选人必须在选举初期发表演说,马西尔斯便以自己十多年来为罗马战争留下来的无数伤疤作为开场白。那些伤疤证明了他的勇敢和爱国精神,人们深为感动,几乎每个人都认为他会当选。

投票日来临的前夕,马西尔斯在所有元老和贵族的陪同下,走进了会议厅。当马西尔斯发言时,内容绝大部分是说给那些陪他前来的富人听的。他不但傲慢地宣称自己注定会当选,而且大肆吹嘘自己的战功,甚至还无理地指责对手,还说了一些讨好贵族的无聊笑话。

他的第二次演说迅速传遍了罗马,人们纷纷改变了投票意向。马西尔斯落选之后,心怀不甘地重返战场,他发誓要报复那些投票反对他的平民。

几个星期之后,元老院针对一批运抵罗马的物品是否免费发放给百姓这个议题投票,马西尔斯参加了讨论,他认为发放粮食会给城市带来不利影响,这一议题因而未决。接着他又谴责民主,倡议取消平民代表,将统治权交还给贵族。

马西尔斯的言论激怒了平民。人们成群结队赶到元老院前,要求马西尔斯出来对质,却遭到了他的拒绝。于是全城爆发了暴动,元老院迫于压力,终于投票赞成发放物品,但是,老百姓仍然强烈要求马西尔斯公开道歉,才允许他重返战场。

于是,马西尔斯出现在群众面前。一开始,他的发言缓慢而柔和,然而没过多久,他变得越来越粗鲁,甚至口出恶言,侮辱百姓。他说得越多,百姓就越愤怒,人们的大声抗议中断了他的发言。护民官们一致同意判处他

死刑,命令治安长官立即拘捕他,送到塔匹亚岩的顶端抛下去。后来,在贵族的干预下,他被判决终生放逐。人们得知这一消息后,纷纷走上街头欢呼庆祝。

如果马西尔斯不那么多言,也就不会冒犯老百姓;如果在落选后他仍能注意保护自我强大的光环,依然还有机会被推举为执政官。可惜他无法控制自己的言论,最终自食其果。

俗话说:**"言多必失。"**本来三言两语就可以说明白的事,不要长篇累牍去阐释,那样轻则遭人厌烦,重则会因说了不该说的话而给自己带来麻烦。所以,那些说话常常"刹不住车"的人一定要谨记:说话千万不能信口开河,说得越多损失就越大。

自我吹嘘、自我欣赏一下,无非是担心自己的长处、优势鲜为人知,以致名不彰、声不显。说到底,自我吹嘘,只是在于强为自己扬名罢了。

真所谓大千世界,无奇不有。社会上的人形形色色,林林总总,其表现是千奇百怪、各种各样的。可能人们最不喜欢的人中,有相当一部分是喜欢在别人面前自吹自擂的人。

有一个小伙子,头脑灵活、思路敏捷,看起来确实有点儿聪明。一次他去一家大宾馆应聘,主持面试的客户部经理,在同小伙子谈完基本情况后,便问道:"我们经常接待外宾,要求英语水平较高,你学过哪门外语,水平如何?"

"我学过英语,在学校总是第一,有时我提出的问题,英语老师都支支吾吾地答不上来!而且,我的口语也很流利。"他自信地说。

经理笑了一下又问:"做一个合格的招待员,还要有多方面的知识和能力,你……"经理的话还没说完,他便抢着说:"我想是不成问题的!我在学校各门学习成绩都不错。我的接受能力很强,思维也很敏捷,做招待员工作绝不会比别人差。"

"那么说,就你的学识来说,当一名招待员是杀鸡用牛刀了?"

"我想,是这样。"

"好吧,就谈到这里,你回去听消息吧。"

这位小伙子沾沾自喜地回去了，可是一直没有等来录用的消息。

小伙子本来想尽量展现自己的长处，以便获得经理的好感，提高竞争力，没想到结果是过度抬高自己，让人一看便知他是个自吹自擂、轻浮、不踏实的人，反而没给人留下好印象，失去了别人的信任。

在进行自我推销过程中，不要自吹自擂。展现自我的长处，不等于吹牛。要注重把握说话的分寸，不要给人一种不诚实、玩虚假的坏印象。

虽然说在这个竞争日益激烈的年代，如果一味地做"谦谦君子"，很可能成为一大缺点。竞争就是要"竞"要"争"，就是要表现自己。但自我表现与自我吹嘘是有着本质的区别的。自我表现者是靠真才实学，靠实实在在的行动，靠看得见的成果来表现自己的价值的，而自我吹嘘者则拿不出什么实实在在的东西，是靠谎言和欺骗等虚假的东西来表现"自我价值"的。这种自我吹嘘，只有一时的诱惑力，一旦真相暴露，就将被人们所唾弃。

有家公司的面试主管面试应征者，下面是其中两个人的面试记录。

面试主管：你对计算机懂多少？

应征者：懂一点，我戴过电子表，玩过"任天堂"，房间有台电视……还有，我看过同学用 DOS 开机……但是我有信心，能在很短的时间内熟练计算机操作。

面试主管：那你先到电子车间任操作员，试用期三个月，如无进展，自动解聘。

（第二位应征者进入）

面试主管：你对计算机懂多少？

应征者：嗯，那要看是哪一种计算机了，一般的超薄掌上型的单晶片脉冲输出计算机（电子表）比较简单，我小学时候常常使用它解译编码作业流程（设置闹铃功能）。

至于多功能虚拟实境模拟器（任天堂）就复杂得多，不过我曾经完整测试过许多静态资料储存单元（只玩卡带破关）。长大后，我对于复频道高频无线多媒体接收仪器（电视）开始产生兴趣，每天晚上都会追踪特定频道的

资料(指八点档电视节目)。

至于传统的计算机,我手下的一位工作伙伴(同学)经常在我的监控之下进行主储存的单晶体与磁化资料存取之间的信号交换(指 DOS 开机)……

面试主管:明天开始上班,任车间副主任,你的配车在地下二楼,附有停车位……

可是,三个月之后,第一位应征者没有停留在原来的水平,通过努力,技术越来越精;而第二位应征者由于一时的吹嘘"吹"来了"荣华",但光凭嘴上功夫,没有实干精神,终碌碌无为,最后他们的位置给调换了。

每个人要对自己有一个客观的评价;**把握住自己的优点、长处,恰当地表现自己,这样才会使自己在竞争中占据有利的地位。**

在兔子还未倒地之前,千万别吹嘘你打死了兔子。许多人在许多场合都喜欢这样做,最后难免干出蠢事。事情未成功前就自吹自擂一点用也没有,纵然办成了也无须自夸,你需要的是谦虚而不是吹嘘。

心灵悄悄话

说话时,既要有实事求是的态度,又要给人谦虚的印象。用夸张的言辞,装腔作势,说得越多,人们对他的失望也就越大。滥用夸张的言辞是不明智的,在很多时候,说得越多损失就越大。信口开河的人一般都是那些品位不高或知识欠缺的人。当人们发现你言过其实时,常常会觉得他们受到了愚弄,这会严重影响你与他人之间的沟通。

退一步海阔天空

常听到一些人振振有词："有理走遍天下，无理寸步难行。我们有理，还怕什么？"**有理的人确实不怕理亏的人，但是即使有理也没有必要咄咄逼人。**不是有这样一句话吗："有理不在声高。"所以，在发生争执的时候，没有必要对对方步步紧逼、不依不饶。而如果你能放低调门，让人一步，说不定你们之间的矛盾立刻就缓和下来了呢？

美国有位总统马辛利，因为用人问题，遭到一些人强烈反对。在一次国会会议上，有位议员当面粗野地谩骂他。

他极力忍耐，没有发作。等对方骂完了，他才用温和的口吻说："你现在怒气应该平和了吧，照理你是没有权利这样责问我的，但现在我仍然愿意详细解释给你听……"他的这种让人姿态，使这位议员羞红了脸，矛盾立即缓和下来。

试想，如果马辛利得理不让人，利用自己的职位和得理的优势，咄咄逼人进行反击的话，那对方绝不会服气的。

由此可见，当双方处于尖锐对抗状态时，得理者的忍让态度，能使对立情绪"降温"。

生活当中也是如此。**说话即使占理，让人一步也不为低。**

有一位先生，一次上岳父家吃饭，进餐时翁婿两人聊起了一条高速公路的修建问题。那先生强调：公路的进度一再推迟，是有关方面的一个严重错误；而岳父则不同意，认为公路本来就不该兴建。两人你一言我一语，争论渐趋激烈。

后来那位泰山大人把问题扯到"年轻人自私心重，没有环保意识"上面，显然是在批评那先生。那先生怕再争下去伤和气，便开始缓和下来，他

婉转地说："可能我们的看法永远也不会合辙，可是，那没有什么，也许我们都是对的，也许我们都是错的，这也是未可知的事。"

那先生的一席活，不仅给自己搭了台阶，也给争论双方打了圆场。避免了双方争论不休，扩大矛盾，影响感情。试想，如果那先生意气用事地与岳父争论下去，结果会如何呢？很可能惹火老岳父，被臭骂一顿。

面对蛮横无理者，得理者若用以恶制恶的方式，常常会大上其当。这时候，平息风波的较好方式，莫过于得理者勇敢地站出来，主动承担责任，以自责的方式对抗恶人的恶语，以柔克刚。

有一个商场营业员，遇一个中年男子来退一只电饭锅。那锅已经用得半新半旧了，他却粗声粗气地说："我用了一个多月就坏了，这是什么鸟货？你再给我换一只！"

营业员耐心解释，他却大吼大嚷，并满口脏话说什么"我来了你就得给退，光卖不退算个鸟！"营业员虽然占理，但为了不使争吵继续下去，便温和地对他说："这种电饭锅已经用一段时间了，又没有质量问题，按照规定是不能退的。可是你执意要退，那就干脆卖给我好了。"就在她掏钱的时候，那个粗暴的男顾客脸红了，他终于停止了争吵，悄然离去。显然，营业员的宽容与自责方式起了良好作用。因为它反衬出对方的无理和低劣，从而从容地制止了事态的扩大。

总而言之，说话不可太强硬，如果是占理，让人一步不为低，人们最终会承认你的正确，并称道你的宽宏大量。

明代才子冯梦龙在《广笑府》"尚气篇"中记载了这样一则故事：

从前，有父子二人，性格都非常刚直，生活中从来不对人低头，且不后退半步。一日，家中来了客人，父亲命儿子去集贸市场买肉。儿子拿着钱在屠夫处买了几斤肉，用绳子穿着转身回家，来到城门时，迎面碰上一个人，双方都寸步不让，坚决不避开，于是，面对面地挺立在那儿，相持了很久很久。

日已正中，家中还在等肉待客，做父亲的不由得焦急起来，便出门去寻找买肉的儿子。刚到城门外，看见儿子正僵立在那儿，半点也没有让人的意思。父亲心下大喜：这真是我的好儿子，性格刚直如此；又大怒：你算老几，竟敢在我父子面前如此放肆。他上前大声说道："好儿子，你先将肉送回去，陪客人吃饭，让我站在这儿与他比一比，看谁撑得过谁？"于是，父亲与儿子交换了一个位置，儿子回家去烹肉煮酒待客；父亲则站在那个人的对面，如怒目金刚挺立不动。惹得众多的围观者大笑不止。

一般而言，性格刚直者在处世中不易吃亏，受人钦佩，但太刚直了会走向反面，这种人往往固执己见，严守自我的做人准则，不退让，没有半点变通的气象。他们不知，遇事若能先低头，然后以退为进，可能会有更大的收获。

退让是减少争执最直接最有效的方法，为一些无关紧要的事情去争执，还不如退一步保留与人之间的情谊。 处事难，处人更难。因为人人都是凡夫俗子，凡夫俗子的意念总是容易变化，凡夫俗子之间难免会经常有摩擦，相处就比较困难，要想减少无谓的摩擦，唯一的方法就是退让。

有了这种心态，才能使自己在身陷逆境时，泰然处之；在一帆风顺时，对掌声和鲜花报以淡淡的微笑。有了这种心态，就能毁誉无碍，淡定从容。

我们的生活中会经常有分歧和矛盾，但是只要宽以待人，以团结为重，就可以云淡风轻，心平气和，不但会把矛盾化解，还会握手言欢。**只要我们有一个宽阔的胸怀，多一份退让，生活就会多一些明媚，少一些黯淡。**

那么，在生活中如何才能做到退让呢？

首先，在工作和日常生活中，被人误解的事是很正常的，甚至会有人故意做出对你不利的事。这时我们往往会控制不住自己的情绪，一时冲动，与之争吵，互不相让，甚至大动干戈。如果你先退一步，待矛盾缓和以后再本着互谅互让的精神去解决，那就会出现截然不同的结果。

其次，要重视自己品格的培养。要严于律己，宽以待人，正确地估计自己，辩证地看待别人，谦虚谨慎，与人为善，不要因为一点小事就与人势不两立。

再次，要正确对待得失。一个人如果总喜欢占别人的便宜，干什么事

都想占上风,看来是"赚"了,可同时也会失去别人的信任。在一些非原则的问题上退让一步,看来是"吃亏"了,但却赢得了良好的声誉,创造了良好的心理和社会环境,这样会利于自己的人际关系和事业的进步。

退一步,是一种清心剂,是一幅健康的心电图,是美好世界的通行证。让大家多一份退让,让和谐和幸福永远伴随我们的左右。

心灵悄悄话

人和人之间的相互争吵,无一不认为自己占理,不愿说低头话,认为那样自己会很没有面子。殊不知,对于一些生活琐事,没有必要争出个对错输赢,即使你占理,让人一步也不为低。而且,这种低调处理的方式对于那些蛮横无理、故意挑事的人也非常适用。

低调——韬光养晦藏锋芒

说话谦逊的艺术

日常工作中不难发现爱自我表扬的人，他们总觉得自己有能力，高人一筹，处处想显示自己的优越感，并想借自我表扬来获得他人的敬佩和认可，结果却往往适得其反，失去了他人的信赖。

经常可以看见一些人大谈自己的得意之事，这是不好的。对方不仅不会认为你是"了不起"的，你甚至会被对方认为是不成熟的、卖弄过去好时光的人等，所以，尽可能不要提自己的得意之事。

有一位在工厂从事会计工作的女性，调到某机关的第一天，就与陌生的同事大谈自己的光辉岁月，说自己如何如何能干，并无意间冒出一句"像我这类人在工厂都属上等人"。结果，同事大为反感：你是上等人，还调到我们这里干什么？ 那谁是下等人呢？

所以说，在人前，不要动不动就自我表扬，那样只能是给人这样一种感觉：这个人爱吹嘘，做人一点也不可靠。

凡是有修养的人，都不随便夸耀和自我表现，他们信奉实实在在做事、本本分分做人，也明白自己的优劣。对一个人的优缺点，旁人是会看得清清楚楚的，好坏自在人心，不必自吹自擂，与其过分夸耀自己，不如表现谦逊。

英格丽·褒曼在获得了两届奥斯卡最佳女主角奖后，又因在《东方快车谋杀案》中的精湛演技获得最佳女配角奖。然而，在她领奖时，她一再称赞与她角逐最佳女配角奖的弗沦汀娜·克蒂斯，认为真正获奖的应该是这位落选者，并由衷地说："原谅我，弗沦汀娜，我事先并没有打算获奖。"

褒曼作为获奖者,没有喋喋不休地叙述自己的成就与辉煌,而是对自己的对手推崇备至,极力维护了对手落选的面子。无论对手是谁,都会十分感激褒曼,会认定她是倾心的朋友。一个人能在获得荣誉的时刻,如此善待竞争的对手,如此低调,如此与伙伴贴心,实在是一种文明典雅的风度。

放低姿态,不是让你低声下气、奉承谄媚。说话时放低姿态是一种艺术,特别是当对话的双方地位悬殊时,地位高者采用适当的低姿态会满足普通人的自尊心理需求,这样的讲话方式理所当然地会受到对方的欢迎。

美国有位总统,在庆祝自己连任时开放白宫,与一百多位朋友亲切"会谈"。

"小时候哪一门功课最糟糕,是不是也挨老师的批评?"小约翰问总统。"我的品德课不怎么好,因为我特别爱讲话,常常干扰别人学习。老师当然要经常批评的。"总统告诉他说。

总统的回答,使现场气氛非常活跃。

后来有一位叫玛丽的女孩,她来自芝加哥的贫民区。她对总统说,她每天上学都很害怕,因为她害怕路上遇到坏人。

此时,总统收起笑容,严肃地说:"我知道现在小朋友过的日子不是特别如意,因为有关毒品、枪支和绑架的问题,政府处理得不理想。我希望你好好学习,将来有机会参与到国家的正义事业之中。也只有我们联合起来和坏人做斗争,我们的生活才会更美好。"

这位总统紧紧抓住了小朋友的心,使小朋友在心里面认为总统和他们是好朋友。即使场外的大人们看到这样的对话场面,也会感到总统是一个亲切的人。

总统告诉小朋友,自己在过去也常被老师批评,但只要经过自己的努力,也会成长为有用的人。总统在认同小朋友对社会治安担心时,还鼓励小朋友参与正义事业,因为那样正义者的力量会更大。

总统放低姿态的谈话方式使小朋友们发现,总统和他们之间没有任何距离，也像他们一样是普通人，是可亲近的、可以信赖的"大朋友"。

大人物和普通人说话时放低姿态，不仅拉近了双方的距离，而且更容易沟通，更容易让对方从心理上接受自己。春风得意的人在运气不怎么好的人面前说话也要避免唱高调，要谦虚低调一些，这样不仅能避免招来嫉妒，而且还能融洽彼此的关系。

身在职场处于优势地位，自然是可喜可贺的事。如果别人一奉承，你就马上陶醉而喜形于色，这就会无形中加强别人的嫉妒心理。所以，面对同事的赞许恭贺，应谦和有礼、虚心，这样不仅能显示出自己的君子风度，淡化同事对你的嫉妒心理，还能博得同事对你的敬佩。

小姜在外单位的同事小叶有事来找他，两个人在办公室里客套了几句。小叶说："小姜毕业一年多就提升为业务经理，真了不起，大有前途呀！祝贺你啊！"见和自己同一年大学毕业的小吴在旁边，小姜压抑着内心的欣喜，谦虚地回答："没什么，没什么，老兄你过奖了。主要是我们这儿水土好，领导和同事们抬举我。"听了这话，小吴虽然也嫉妒小姜被提拔，但见他这么谦虚，也就笑盈盈地主动招呼小姜的朋友小叶："请坐啊！"不难想象，小姜此时如果说什么"凭我的水平和能力早可以提拔了"之类的话，那么小吴不妒忌才怪呢。

千万不能在众人面前夸耀自己的能力、自己的成绩，那样很容易引起别人的反感，招来嫉妒，说话要放低姿态，即使自己已经取得了很不错的成绩，但如果能谦虚低调，便会赢得别人的好感，获得良好的人际关系。

"说小话"是一个人在语言交谈中故意表现的低姿态，它是在承认对方、尊崇对方的基础上而表现的谦让、低就和退步。但退一步海阔天空，退是为了进，退一步进两步；退是一种暂时的权变措施，小话便是实现这一措施的有力武器。

某山区支部书记带领群众修路时，放炮炸石砸断了一家农户的梨树。这棵梨树是这家农户的财源，主人揪住支书要他赔。

支书说，秋后一定赔偿，但主人不肯，主人的兄弟一拥而上，把支书好

一顿打。村里的党员和群众都火了,要求狠狠整治打人者。第二天开村民大会,闹事的也觉得理屈,准备挨整。

不料,支书竟先做检讨:"老少爷们,我还年轻,得大家帮扶。哪个活儿我安排错了,哪句话我说得不对,大家提出来,我做检讨。"被打的事竟一字不提。

后来闹事的人找到支书,当面认了错:"你是为全村,我是为自家,我错了!今天你咋说我咋干,听你的。"这位村支书没有倚仗权力,而是利用说小话的策略轻松地征服了打人闹事者。

我们在处理复杂的人际关系时,难免会碰到一些性格倔强或一时冲动的人,在别的方法难以奏效时,不妨试试以退为进的方法。

说几句退让的小话,是一种有效解决问题的策略。它表面是退缩,实质是进攻。退就像拉弓射箭一样,先把弓弦向后拉,目的是把箭向前射出去。

其实,小话不小。这位支书是很懂得说小话之道的。为了日后工作更顺利,他忍下个人委屈。但是,他的忍让和退缩不是懦弱,而是一种坚强和勇敢。

生活中的人往往会被夹在两股势力的中间。两股势力斗争得非常激烈,并且都想得到你的支持,要你做出一定的抉择,这时如果一招不慎,便可能招致满盘皆输。因此你最好明智一些,尽量给自己留下一条退路,而说小话就是一种预留退路的策略。

唐朝时,唐高宗以王皇后无子而武昭仪(则天)有子,欲行废立。问计于群臣,褚遂良力谏:"王皇后为世家之女,是先帝为陛下所娶,先帝临崩,执陛下手谓臣:'朕佳儿佳妇,今以会卿。'此陛下所闻,言犹在耳。皇后未闻有过,岂可轻废!陛下必欲易皇后,伏请妙择天下令族,何必武氏?武氏经事先帝,众所俱知,天下耳目,安可蔽也。"韩瑗、来济亦上表力陈,高宗不听。不久又问司空李勣,李勣是个乖巧之人,他心想此时越位擅言,恐有杀身之祸,废立成功与否,与性命攸关:同意废,如废不成功,岂不得罪王皇后;不同意废,如武氏当成皇后,自己岂不自投罗网?权衡再三,李勣来了个思不出位之策,说:"此陛下家事,何必更问外人?"高宗便决定废皇后王氏和淑妃肖氏,诏立武则天为皇后。武氏册立后,遂用许敬宗打击不同意拥立自己的大臣,长孙无忌、褚遂良、韩瑗、于志宁等皆遭贬谪诛杀,李勣因应付得体,没受牵连,反而被任命审理长孙无忌等人的案子,逃过了一场灾祸,并继续得到重用。

可见,自我角色认同上的低姿态,语言表达上依据实际情形适当地显示出愚钝,都是人生中必须修炼的处世技法。

心灵悄悄话

　　每一个人都希望得到别人的羡慕和尊敬,都希望自己的能力得到别人的认可,这种心理无可厚非,但是要注意方式,千万不能为了自己的这点虚荣心,就去人前夸耀,那样往往会适得其反。倒不如,低调一些,谦虚一些,反而更能赢得别人的敬重。

有理不在声高

有理不在声高。有棱有角、咄咄逼人的话不一定有分量，反而是谈吐柔和的说理更易于入耳生效，更有说服力，也往往能收到以柔克刚的交际效果。

有理不在声高。不仅在告诫那些试图依靠声势来掩饰自己理亏的人，同时也在提醒那些理直气壮的人，虽然道理在自己一边，也没有必要提高嗓门，让全世界的人都听到，令对方颜面扫地。那样的话，自己的高声大气也不会有多么光彩，如此大肆声张还会给人一种得理不饶人的感觉，反倒损害自己的形象。所以，最好的做法就是降低调门，语调柔和一些，要知道谈吐柔和也能解决问题。

谈吐柔和的表达方式一般有委婉和谦让两种。

一家瓷器店的营业员给一位女顾客展示了好几套瓷器，可是她似乎对每套都不太满意，拿起这套看看，又拿起那套瞧瞧，不停抱怨这套颜色太艳，那套样式太普通，挑了半个钟头还没有挑选好。这时，店里又来了其他顾客，营业员不得不照应别的顾客。这位女顾客觉得自己受到了冷落，就沉下脸来，大声指责说："你这是什么服务态度，没看见我先来的吗？快让我先买，我还有急事。"

这样的话加上尖利的语调，非常刺耳难听。如果营业员立刻和她高声争辩，就会吵得不可开交，生意也做不成了。然而这位营业员没有这样，他安排好其他顾客后和气地说："请您原谅，我们店生意忙，对您服务不周到，让您久等了。"营业员的态度和话语真诚而谦和，那位女顾客的脸一下子红了，转而难为情地说："我说的话不好听，也请你原谅。"

这种谦让式表达法充满了尊重、宽容和理解，本身就产生了一种感化力，从而引起对方的心理变化。火气遇上和气，就像火遇到了水，失掉了发泄的对象，自然就会降温熄灭。

委婉表达法是指当与他人意见不合，又想坚持己见时，不可以对他人讥讽嘲笑，横加指责。**委婉地表达自己的坚定立场，会取得意想不到的沟通和说服效果。**

1940年，处于前线的英国已经没有资金从美国"现购自运"军用物资，一些美国人看到这种情况，觉得已无利可图，继续支持英国，自己国家反而吃亏，就想放弃援助。面对美国人的这种反应，总统罗斯福很着急，他感觉到了事态的严重性，英美两国是唇亡齿寒的关系，英国一旦不保，美国的地位也岌岌可危。怎么让美国人认识到这一点呢？

罗斯福并未高声指责那些人目光短浅，这样只能触犯众怒而适得其反，而是妙语连珠，以理服人，使人们不得不心悦诚服："假如我的邻居失火了，消火栓在四五百英尺以外，我有一段浇花园的水龙带，要是给邻居拿去接上水龙头，就可能帮他把火灭掉，以免火势蔓延到我家里。这时候我怎么办呢？我总不能在救火之前对他说：'伙计，这条管子花了我15块钱，你要照价付钱。'这时候邻居刚好没钱，那么我该怎么办呢？我应当不要他的钱，让他在灭火之后还我水龙带。要是火灭了，水龙带还好好的，那他就会连声道谢，原物奉还。假如他把水龙带弄坏了，答应照价赔偿的话，我拿回来的就是一条新的浇花园的水龙带，这样也不吃亏。"

罗斯福总统援助英国的决心很坚决，但他没有直接表达这种强硬的态度，而是用通俗的比喻表达自己的真实想法，达到了非常好的说服效果。

学会谈吐柔和，首先要加强个人的思想修养和性格锻炼。**语言美是心灵美的具体表现。一个心灵丑恶的人，出口绝对是恶言恶语，有善心才有善言。**其次，谈吐柔和，在遣词造句上有一些特殊的要求。比如，应注意使用虔敬语、礼貌用语，表示尊重对方的观点和感情，以引起对方的好感。尤其要避免使用粗鲁、污秽的词语。在用词上要注意感情色彩，多用褒义词、中性词，少用贬义词；在句式上，应该多用肯定句，少用否定句，以减少刺

第五篇 低调说话的学问

213

激性。

　　无论谈论什么样的话题,都应保持说话的语调与所谈及的内容互相配合,并能恰当地表明对某一话题的态度。要做到这一点,所使用的语调应该能向他人及时准确地传递所掌握的信息,得体地劝说他人接受某种观点或者倡导他人实施某一行动。虽然并不是说绝对不能高声断喝,但是用柔和的语调与人谈话更能办好事。

心灵悄悄话

　　谈吐柔和是值得提倡的一种交际方式。谈吐柔和表现为语言含蓄,措辞委婉,语气亲切,语调柔和,是一种自然的说理方式。这样说话对方会感到亲切和愉悦,所谈之言也易于入耳生效,有较强的说服力,往往能收到以柔克刚的交际效果。

以善服人

要想与他人在某个不一致的问题上达成协议,并想使协议按照自己的意愿去执行,比较恰当的做法就是以德服人、以真情去感化人,以爱心去关心人。总之一句话:用友善的表述,让你的道理更在理。

现在有句很流行的话:求人不如求己。但是在很多时候,仅靠一己之力并不能取得成功,我们需要向别人求助。而且,随着社会的发展,人与人的关系日益密切,依靠大家的力量办成事情也成了一种趋势。可是,**请求别人帮助,必须有说服别人的一套道理。如果你的请求被拒绝,就不妨试试为它添加一些友善的元素,也许会受到意想不到的效果。**

有一位教师在某地租了一间房子。租房合同马上就要到期了,教师嫌房租太高,不愿意再续租。他想:如果房东能把房租减低一点,他还继续在这里住下去。毕竟这个房子给他留下了许多美好的回忆。

但是,他知道房东是一个非常固执的人,要想让他降低房租并非一件容易办到的事情。于是他给房东写了一封信,他在信中说:"等房子合同期满我就不继续住了,其实我并不想搬家,因为这里给我留下了许多美好的回忆,而且我在这里住得非常舒适。美中不足的是房租有些高,假如能减低一点那该多好啊!我也可以继续支付下去。我想我的这种想法恐怕很难实现,因为别的住户也曾经与你交涉过,可最终都是以失败告终,相继离开这儿的人都对我说房东是一位很难对付的人。可是我却对自己说,我刚刚教同学们怎样与人相处,现在我也试一下,看看理论是否与实际相符。"

出乎他意料的是,房东收到信后,马上带着房子的契约来找他。教师热情地招待了她。二人坐定后,房东对教师说,像他这样要求降低房租的房客,从前她也遇到过,其中有一位竟给她写过几十封信。可是,信的内容

让房东无法忍受，那简直就是侮辱人格的论调。还有一位房客竟然恐吓她说：如果她不降低房租，他就将这间房子拆掉。这时，房东微笑起来，又温和地对教师说："现在能有一位像你这样的房客，我心里已经非常高兴了。"随之拿出契约给教师减去了一部分房租。可是，教师看着已经减完房租的契约，依然面露难色地说："恐怕这个价钱我还是无法接受。"房东二话没说，就让教师自己在契约上面填了个价钱。

一场愉快的交涉过后，房东起身离开了教师的房子。临走时她又转身问教师：房子有没有需要重新装修的地方。

假如，这位教师同样采取其他房客的做法，恐怕得到的结果和原来的房客没什么两样，说不定还会更糟糕。他之所以能够取得满意的结果，得益于他的友善和和蔼的态度。

心灵悄悄话

遇到问题时，用过激的方法或许会让自己怒气全消，但是这不能从根本上解决问题。还要想办法动之以情，晓之以理，让对方能体会到你的和蔼态度和优良品德，从而令其心悦诚服，这样才可以解决问题。